基地と財政

沖縄に基地を押しつける「醜い」財政政策

川瀬 光義 著

自治体研究社

目　次
基地と財政
沖縄に基地を押しつける「醜い」財政政策

序章　本書の課題　9

第1章　米軍基地を維持するための財政負担……………　13

　はじめに　13
　1　在日米軍基地の特異性　13
　2　不平等条約である日米地位協定による財政負担　19
　3　日米地位協定すら守られていない　24
　おわりに　30

第2章　在日米軍基地と沖縄………………………………　35

　はじめに　35
　1　「復帰」前の基地形成過程　36
　2　日本支配下での基地確保政策　38
　3　沖縄の基地の特異性　42
　4　辺野古新基地建設にみる沖縄差別の継続　46
　おわりに　52

第3章　基地の財政「効果」………………………………　57

　はじめに　57
　1　伝統的な基地維持財政政策　58
　　1）一般財源　58
　　2）特定財源　63
　2　原子力発電所立地自治体と比べた「優遇」ぶり　68
　3　軍用地料が地域社会に及ぼす影響　74
　おわりに　80

第4章　新基地押しつけのための財政政策 …………… 83

はじめに　83
1　新たな財政政策　83
2　別枠予算で基地押しつけ　85
3　米軍再編交付金の特異性　88
4　地方自治をないがしろにする再編特別補助金　96
おわりに　98

第5章　沖縄振興予算について ……………………… 101

はじめに　101
1　辺野古新基地建設と振興予算　104
2　沖縄振興一括交付金とは　106
3　ソフト交付金とは　109
4　沖縄振興体制は今後も必要か　115
おわりに　118

終章　基地は自治体財政充実の阻害要因　121

参考文献　127

あとがき　131

付図1 沖縄県の米軍基地（2018年5月8日現在）
出所：沖縄県ウェブサイト。『沖縄から伝えたい。米軍基地の話。Q&A Book』より作成。

付図2 沖縄を除く地域における在日米軍主要部隊等の配置図（2016年度末現在）
原注：在日米軍ウェブサイトなどをもとに作成。
出所：防衛省ウェブサイト『防衛白書』2017年度版より作成。

序章　本書の課題

　どの国であれ、エネルギー源の確保と安全保障は根幹をなす政策です。日本の場合、エネルギーについては化石燃料への依存度が高い上に原子力開発を重視し、福島第一原子力発電所の事故があっても、原子力発電を今なおベースロード電源と位置づけています。安全保障については、本来なら「平和を愛する諸国民の公正と信義に信頼して、われらの安全と生存を保持しようと決意」（日本国憲法前文）して、「国権の発動たる戦争と、武力による威嚇又は武力の行使は、国際紛争を解決する手段としては、永久にこれを放棄する」（同第9条）ことが基本政策であるはずです。しかし実際にはアメリカ合衆国との軍事同盟である日米安全保障条約の遵守が最重視されてきました。

　こうした政策を履行するのであれば、原子力発電所や米軍基地をどこに立地させるかについて、本来なら国政上の最重要課題として全国民的な論議がなされなければなりません。ところがこの国では、国政選挙等で争点として取り上げられることがほとんどなく、立地の対象とされた地元自治体が受け入れるかどうかという地域課題に矮小化することを常としてきました。例えば、原子力発電所の再稼働に際して同意を求める対象を県と立地自治体に事実上限定したり[*1]、米軍基地を沖縄に集中させて、その立地をめぐる問題を「沖縄問題」とするという具合にです。そしてその際、対象となった自治体が経済的に厳しい状況にあるという'弱み'につけ込んで、「地域振興」「経済振興」などの名目による潤沢な資金を用意して「同意」を迫るのが日本政府の

常套手段でした。原発事故で出た福島県内の汚染土壌などをめぐる中間貯蔵施設候補地住民との交渉に際して、当時の担当大臣であった石原伸晃氏が「最後は金目」と発言したことが象徴的事例といえます。

こうした諸施策のうち、本書が主として対象とするのは、米軍基地確保に係る財政政策、とりわけ普天間飛行場を撤去する前提条件として名護市辺野古に新基地を建設する施策を日本政府が推進してきたこの20年余の間、新基地受入れについて沖縄県や名護市の「同意」を獲得するために講じられた財政政策です。その際、以下の3つの視点からその問題点を明らかにします。

第1に、財政政策としての正当性です。財政運営の基本原則は「量出制入」、つまり、どれだけの財政支出が必要かを確定してから、それに必要な租税等の負担額が決まるという原則です。これは、租税が、反対給付を伴わない負担であることから必然的に導き出される原則ともいえます。また、誰を対象にして、どのような公共サービスを提供するかについての基準設定に際しては、客観的かつ公正であることが求められます。新基地受入れをせまるための財政政策は、こうした原則からの逸脱が顕著であり、正当性を著しく欠いていることを明らかにします。

第2に、自治体財政に及ぼす影響です。基地や原子力発電所を引き受けさせられている自治体の財政には、それらに関連する財政収入の比重が過大となっているという特徴が、おおむね共通してみられます。新基地建設の受入れを迫られている名護市等の場合は、基地が所在する他の自治体にはみられない過大な財政収入がもたらされてきました。そのことが自治体の財政構造をどのように歪めているかを明らかにします。

第3に、新基地を受け入れるという多大な犠牲を払ってまで政府資金を獲得しなくても、自治体の財政運営に支障を来すわけではないと

いうことを明らかにします。ひいては、基地が全面撤去されてすべての基地に関連する収入がなくなっても自治体の財政運営が成り立たないわけではないことを示します。

　各章の内容は以下のとおりです。

　第1章では、敗戦後70年以上を経た今日、どれだけの在日米軍基地が存在しているのかについて、ドイツなどと比較して明らかにしながら、その特異性を示します。そしてそれを維持するために私たちが負担している経費が、どのような原則によっているかを検証し、その多くが不平等条約である日米地位協定の原則すら逸脱した特別協定によるものであることを明らかにします。

　第2章では、まず、敗戦後から1972年の「復帰」を経て現在に至る沖縄への基地集中の過程を概観します。とくに「復帰」以降も、沖縄の米軍基地確保を優先した「特別措置法」が連発されたこと、それらは事実上沖縄のみを対象とした法律であるにもかかわらず、憲法第95条が適用されなかったことを指摘し、沖縄の人々の意見を無視した異例の措置を講じないと確保できない米軍基地に依拠した、この国の安全保障政策の正当性に疑問を呈します。

　第3章では、米軍基地の存在にともないもたらされる財政収入の特質を、原子力発電所立地自治体の場合と比較しながら明らかにします。いずれの場合も、一般財源・特定財源ともに多大な財政収入を自治体にもたらします。しかし、原子力発電所の場合は、電力会社による発電という経済行為にともなう収入であるのに対し、経済施設ではない基地の存在によってもたらされる収入は、政治的な意思決定によって決まります。こうした違いを反映して、基地の存在にともなう収入が、どのような特異な性質を有しているかが示されます。

　第4章では、新基地建設への「合意」を獲得するための新たな財政政策を取り上げます。それらは当初、新基地建設受入れの見返りでは

ないというのが「建前」でした。ところが、多額の資金を投じたにもかかわらず政府は、杭一本も打つことができませんでした。このことを「教訓」として新たに米軍再編交付金が、そしてさらに新基地建設予定地の地元である久辺3区(辺野古、豊原、久志)のみを対象とした再編関連特別地域支援事業補助金が創設されました。こうした一連の財政政策の特異性を明らかにします。

　第5章は、沖縄振興財政政策を取り上げます。沖縄の振興については、首相官邸のウェブサイトでその必要性が取り上げられていることが示すように、国の責務で、かつ国家戦略としてすすめられています。したがって、沖縄振興のための財政政策は基地政策と関連するものではないはずです。しかしながら、翁長雄志氏が沖縄県知事に当選した2014年以前と以後の予算の変動をみると、それは建前にすぎないことがわかります。ここでは、そうした事態を招いている沖縄振興のための財政政策の問題点を明らかにし、沖縄が経済的に遅れていることを前提とした特別な施策が今後も必要がどうかを検討します。

　終章では、序章で述べた視点から基地に関する財政政策、とりわけ名護市辺野古への新基地建設を強行するために講じられた諸施策の特異性について総括します。そして新基地受入れを拒否しても、さらに基地がなくなっても自治体の財政運営に支障はないことを述べます。

　注
1　実際、原子力規制委員会が新規制基準に適合すると判断し再稼働してきた原発では、事前了解は道県や立地自治体に限定してきました。そうした中にあって、2018年3月29日、日本原子力発電の東海第二原発の再稼働をめぐり、茨城県や立地自治体の東海村に加え水戸市など周辺5市の事前了解も必要とする安全協定が締結されました。対象を30km圏にも拡大する協定が結ばれたのは初めてです。
2　神野直彦(2007)[「参考文献」参照、以下同]、7頁を参照。

第1章　米軍基地を維持するための財政負担

はじめに

　敗戦後70年以上、サンフランシスコ講和条約締結後60年以上、そして冷戦崩壊後30年近くが経過し、独立国であるはずのこの国において、沖縄のみならず全国各地に多くの米軍基地が存在し、米軍人らには日米地位協定によって治外法権的な特権が保証されています。ところが残念なことに、最近の国政選挙において、こうした異常な状態をどう解消するのかが争点となったことはありません。これは、多くの日本人にとって「独立国に外国の軍隊が長期間にわたり駐留し続けることは不自然なことだ*1」という認識が乏しいことを反映していると思われます。そこで本章ではまず、在日米軍がどれほど存在しているかを述べ、次いでその維持のために、私たちが余儀なくされている膨大な財政負担が、どのような原則にもとづくものであるのかを示し、その問題点を明らかにします。

1　在日米軍基地の特異性

　よく知られているように、サンフランシスコ講和条約で沖縄などを切り離して日本が「独立」を回復しました。その講和条約第6条によると「連合国のすべての占領軍は、この条約の効力発生の後なるべく

すみやかに、かつ、いかなる場合にもその後90日以内に、日本国から撤退しなければならない」とされていました。ところが、その条文に続いて「但し、この規定は、一または二以上の連合国を一方とし、日本国を他方として双方の間に締結された若しくは締結される二国間もしくは多数国間の協定に基く、又はその結果としての外国軍隊の日本国の領域における駐とん又は駐留を妨げるものではない」と規定されていました。そして同時に締結された日米安全保障条約にもとづいて、米軍が引き続き日本に駐留することになりました。その成立過程の特異さについては、豊下楢彦氏、矢部宏治氏、孫崎享氏、五味洋治氏などの著書をぜひ参照していただきたいと思います。[*2] このとき講和条約締結に向けてのアメリカ側の交渉相手だった国務省政策顧問のジョン・フォスター・ダレスの考えは「われわれ（米国）が望むだけの軍隊を、望む場所に、望む期間だけ駐留させる権利を確保する、それが米国の目標」だったそうです。これから述べる事実をみると、ダレスの目標は実現し、現在もなお変わらず継続しているというほかありません。

さて講和条約締結時に結ばれた安保条約は1960年に改正され、今日に至っています。その第6条において「日本国の安全に寄与し、並びに極東における国際の平和及び安全の維持に寄与するため、アメリカ合衆国は、その陸軍、空軍及び海軍が日本国において施設及び区域を使用することを許される」と規定していることが、米軍が日本に駐留する根拠となっています。

これによって、日本は今どれだけの基地を提供しているでしょうか。図1-1は、在日米軍基地面積の推移をみたものです。サンフランシスコ講和条約が発効した1952年4月28日現在において米軍に提供されていた施設は2824件、面積は13万5363haでした。50年代後半に急速に減少し、新安保条約が発効した1960年度末には187件、3万1175haとなり、1971年には103件で面積は2万haを割り込みました。

その後、沖縄が再び日本の支配下に置かれるようになった「復帰」によって165件、4万4641haに増加します。その後も減少を続けますが、1970年代の終わりに3万ha余りとなって以来長年にわたり目立った減少はしていないことがわかります。管見の限りでは、大規模な基地返還は1977年の立川基地返還以来おこなわれていなかったのではないでしょうか。そして2016年12月22日、沖縄の北部訓練場の過半4100haが返還されたため、2017年3月31日現在では、78件、2万6440haとなっています。もっともその返還は、東村高江の集落を囲む6つのヘリコプター着陸帯建設が条件でした。その着陸帯では、MV22オスプレイが主要機種として運用されており、高江の住民にとっては顕著な負担増となっており、転居を余儀なくされた方もいます。いずれにせよ、冷戦の崩壊など世界の政治状況の大きな変化にもかかわらず、在日米軍基地の見直しはおこなわれなかったのです。

そして、これに加えて日米地位協定第2条4項(b)を適用した一時使用施設・区域が49件、7万1817haもあります。専用面積は蝸牛の歩みですが少しは減っているのに対し、その減少を補うかのようにこちらは増えて、現在では専用施設と一時使用施設を合わせると約10万haもの土地が米軍に提供されています。東京23区の面積が約6万2300haですので、その約半分の面積が米軍専用施設・区域として、一時使用施設・区域を合わせると東京23区の約1.6倍もの面積の土地が提供されていることになります。以上に加え、膨大な空域・海域が提供されています。象徴的事例の一つが、「横田ラプコン（Radar Approach Control」といわれる首都圏の広大な空域が米軍に提供されていることでしょう。

在日米軍基地の立地というと、次章で述べる沖縄への過度な集中が最大の問題であることはいうまでもありませんが、沖縄以外にも巨大な米軍基地が少なからずあります。いくつか例示すると、青森県の三

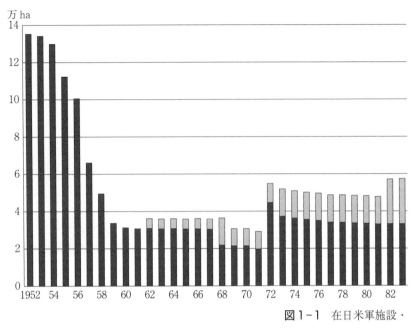

図1-1 在日米軍施設・

注：各年とも講和条約発効時を除き年度末現在。
区域件数・区域面積は、地位協定第2条第4項(b)適用施設・区域の施設件数及び面積。

沢飛行場（面積1578ha）、東京都の横田飛行場（720ha）、神奈川県の横須賀海軍施設（236ha）、厚木海軍飛行場（251ha）、山口県の岩国飛行場（865ha）、長崎県の佐世保海軍施設（49ha）などです。

ところで米軍基地は、チャーマーズ・ジョンソンをして「基地の帝国」[*3]と言わしめるほど世界中に存在しています。その実状については、アメリカ合衆国国防総省が毎年作成している、*Base Strcture Report*でうかがい知ることができます[*4]。その2015年版に掲載された表1-1によりますと、アメリカ国外には、41カ国、587カ所の米軍基地があります。最も多いのがドイツ177、次いで日本116、韓国82、イタリア50、イギリス27の順です。つまりこの5カ国で、国外米軍基地の約8割を占めています。日本は基地数ではドイツの3分の2であるにもか

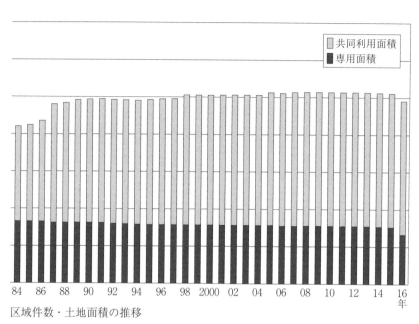

区域件数・土地面積の推移
出所：防衛施設庁史編さん委員会（2007）、および沖縄県知事公室基地対策課（2018）、より作成。

表1-1 アメリカ合衆国国外の米軍基地

	基地数	面積（エーカー）	PRV（百万ドル）
ドイツ	177	137,360	40,521
日本	116	126,146	61,873
韓国	82	28,442	15,180
イタリア	50	5,384	9,340
イギリス	27	8,258	7,345
その他	135	319,600	24,187
計	587	625,190	158,446

注：PRV は、Plant Replacement Value の略称。
出所：U.S. Depertmant of Defence, *Base Structure Report, FY 2015 Baseline*, より作成

第1章 米軍基地を維持するための財政負担　17

表1-2　PRV 18億7600万ドル以上の国外米軍基地

国	基地名	PRV（百万ドル）
日本	嘉手納飛行場	7508.6
日本	横須賀海軍基地	7432.1
ドイツ	East Camp Grafenwoehr	6544.2
日本	三沢飛行場	6125.8
日本	横田飛行場	5741.9
ドイツ	Ramstein AB	4398.7
日本	キャンプ・フォスター	3604.9
キューバ	NS Guantanamo Bay	3695.1
日本	岩国飛行場	3599.2
グリーンランド	Thule AB	3267.0

注：該当する20基地のうちPRVが上位10基地を示した。
出所：表1-1に同じ。

かわらず、面積では12万6146エーカーと、ドイツの13万7360エーカーより8％ほど少ないだけです。このレポートには、すべての基地についてのPRV（Plant Replacement Value：現在の建設費や基準を使って現施設を建て替えた場合の見積費用）も掲載されています。それでみると、日本のそれは計618億ドルと、ドイツの405億ドルを大きく上回っています。このレポートでは、PRV18億7600万ドル以上を大規模基地、10億ドル以上18億7600万ドル未満を中規模基地、10億ドル未満を小規模基地と分類しています。海外基地の大半は小規模基地で、大規模基地は20、中規模基地は16にすぎません。表1-2は、その海外の大規模基地をPRVの大きさ順に10位までを一覧したものです。10カ所のうち6カ所が在日米軍基地です。最も高価なのが嘉手納飛行場で75億ドル、次いで横須賀海軍基地74億ドル、ドイツの基地が3位ですが、続けて三沢、横田と在日米軍基地が上位を占めていることがわかります。このことは、在日米軍基地が、アメリカにとって質量ともにいかに重要な存在であるかを示唆しているといえましょう。

先の図1−1でみましたように、在日米軍基地の面積はこの40年近くもの間さほど減っていないのに対し、世界的には1990年頃の冷戦崩壊を契機として、ドイツなどで米軍基地が大幅に縮小しています。今なお朝鮮民主主義人民共和国との「冷戦」が継続している韓国においても、平澤(ピョンテク)などでの基地拡張を伴いつつも、全体の面積は大幅な縮小がすすめられています。日本では、こうした努力がなされず、ドイツを凌ぐ最大の基地大国になろうとしているといえます。では、こうした米軍基地を維持するために、どのような財政措置が講じられているでしょうか。

2　不平等条約である日米地位協定による財政負担

　日米安保条約第6条に規定された在日米軍基地を運用する際の、さまざまな原則を定めたのが日米地位協定です。その前身は、旧安保条約にもとづく日米行政協定でした。新安保条約の締結と同時に日米地位協定と名称を変えましたが、米軍および関係者の治外法権といってよい特権はそのまま受け継がれ、半世紀以上もの間一字一句修正されることなく、今日に至っています。安保条約と比べてかなり長文で、いささか難解ですが、読者の皆さんはぜひ目を通してください。日本が決して独立国ではないことがよくわかるはずです。その性格について伊勢崎賢治氏と布施祐仁氏が、ドイツのボン補足協定などとの比較を踏まえて次のような的確な指摘をしています。

　「ボン補足協定は、原則としてドイツの法律が適用され、例外として、特別な取り決めがある場合や駐留軍の内部的な問題で第三者の権利や地方自治体・住民に影響を与えない場合に限り、ドイツ法の適用から除外されると定めています。日米地位協定はまったく逆で、

原則として米軍には日本の法令が適用されず、適用されるのは例外的に特別な取り決めがある場合に限る、あとは尊重するだけでいいと定めているのです*10」。

　要するに、在日米軍には日本の法令等がいっさい適用されないということです。ドイツは冷戦崩壊と東西ドイツ統一で「準戦時」を終わらせたことで、ボン補足協定をドイツの主権を最大限貫く方向で改訂できたのに対し、日米地位協定は「独立した主権国家どうしが結んだ『平時』の地位協定にもかかわらず、『準戦時』下の韓米地位協定と同じような『治外法権』を米軍に与えている*11」ということになります*12。

　その特権によって、日本に直接・間接の財政負担をもたらすものをいくつか挙げるとしましょう。第1に原状回復義務の免責があります（第4条1）。返還地の跡地利用をすすめる上での、最大の障害の1つが汚染物質の除去です。本来なら汚染原因者負担原則（Polluter Pays Principle）にもとづきアメリカ側が負担すべき除去費用が免除され、すべて日本側の負担で除去作業がおこなわれています*13。第2に、米軍が公務として日本の港湾、飛行場、道路などを利用する際の利用料がすべて免除されます（第5条）。第3に、租税免除です。アメリカ軍が保有する財産への課税、アメリカ軍人、家族及び軍属が得た所得に対する課税がすべて免除されます（第13条）*14。第4に、米軍が関係する事件、事故による被害者への賠償金に係る負担について、公務中の場合、日米双方に責任があれば均等に分担するとしています。ところが、アメリカ側にのみ責任がある場合であっても、日本が25％も負担することになっています（第18条）。アメリカ側にのみ責任がある場合の典型例が航空機の騒音でしょう。その差し止めを求めて各地で訴訟がおこなわれています。防衛省によると、2018年4月4日現在で賠償額が確定し日本が支払った総額は約316億円ですが、これまでアメリカ

側は1円も支払っていないそうです。[*15]

　なお、公務外での米軍人らによる不法行為による損害については、加害者に賠償金を支払う資力がない場合や加害者の保険では解決できない場合など、示談による解決が困難な場合には、被害者が防衛局を通して在日米軍に請求し、アメリカ側が支払う規定があります（第18条6項）。ただし、この制度にもとづく補償額を決めるのはアメリカ政府であり、実際に支払われる補償金が民事裁判の判決額より低く抑えられることが多いので、次章で紹介する1996年のSACO（Special Action Committee on Okinawa、沖縄に関する特別行動委員会）合意において日本政府が差額を負担する制度が設けられました（SACO見舞金）。[*16]

　ともあれ在日米軍は、基地として提供された場所をどんなに汚しても責任を問われないし、日本で活動してさまざまな公共サービスを享受しているにもかかわらず公共料金や租税負担をほとんど負いません。そして事件・事故についてアメリカに全責任がある場合でも日本が4分の1を負担するというのです。これらに加えて、米軍基地に起因する事件・事故、騒音問題や環境問題など住民への肉体的・精神的苦痛など数値では表しにくい負担、そして沖縄のように広大な区域を長年基地に占有されていることによって自主的な地域づくりを阻害されているという莫大な機会費用も見逃すことができません。

　さて、基地それ自体の設置・運用に関する経費負担については、第24条で次のように規定されています。

1　日本国に合衆国軍隊を維持することに伴うすべての経費は、2に規定するところにより日本国が負担すべきものを除くほか、この協定の存続期間中日本国に負担をかけないで合衆国が負担することが合意される。

第1章　米軍基地を維持するための財政負担

2　日本国は、第2条及び第3条に定めるすべての施設及び区域並びに路線権（飛行場及び港における施設及び区域のように共同に使用される施設及び区域を含む）をこの協定の期間中合衆国に負担をかけないで提供し、かつ、相当の場合には、施設及び区域並びに路線権の所有者及び提供者に補償を行うことが合意される。

　ここでは、日本の施設及び区域などを提供するに際してアメリカに無償で提供する、それによって不利益を被る権利者への補償は日本政府がおこなう。他方、提供された基地の運営に関連する経費はすべてアメリカ側の負担となることを規定しています。したがって、日本側が負担する経費としては、対象となる施設・区域が国有財産の場合には無償で提供する、非国有財産の場合の借上料、および被害者への補償費などとなります。そして実際、この協定が結ばれた1960年以降、思いやり予算が登場する1978年度まで、この原則にしたがって処理されてきました。

　では日本の防衛予算において、この日米地位協定第24条にもとづく経費負担がどこに計上されているでしょうか。

　「防衛関係費」と称する日本の軍事予算は、一般会計歳出総額の5、6％ほどを占め、2018年度当初予算額は4兆9388億円です。そのうち、自衛隊員の給与や食事のための「人件・糧食費が」2兆1850億円と半分近くを占め、残り2兆7538億円は装備品の調達・修理・装備、油の購入、隊員の教育訓練、施設の整備などのための「物件費」です。さらに物件費は、過去の年度の契約にもとづいて支払われる「歳出化経費」1兆7590億円と、当該年度の契約にもとづいて支払われる「一般物件費」9949億円とに区分されます。「基地対策経費等」が、前者に398億円、後者に4051億円計上されており、合わせて4449億円が18年度の基地の維持に関わる経費ということになります。なお、以上

の物件費は当該年度に支払われる額を示す「歳出ベース」です。これに対し、当該年度の契約にもとづき当該年度に支払われる経費と次年度以降に支払われる経費（新規の後年度負担額）の合計をいう「契約ベース」でも示されています。契約ベースによると、物件費は2兆9887億円、基地対策経費等は4642億円になります。

表1-3は、2018年度の基地対策経費の内訳をみたものです。それは（1）基地周辺対策経費、（2）在日米軍駐留経費負担、（3）施設の借料、補償経費等、から構成さ

表1-3 2018年度基地対策経費
（歳出ベース、単位：億円）

(1)基地周辺対策経費	1,063
住宅防音	315
周辺環境整備	747
(2)在日米軍駐留経費負担	1,968
特別協定	1,492
労務費	1,251
光熱水料等	232
訓練移転費	9
提供施設の整備	206
基地従業員対策等	270
(3)施設の借料、補償経費等	1,418
合　　　計	4,449

出所：防衛省『2018年度予算の概要』より、作成。

れています。これらのうち地位協定第24条の原則からして日本の負担となるのは「基地周辺対策経費」と「施設の借料、補償経費等」です。前者は、主として「防衛施設周辺の生活環境の整備等に関する法律」（以下、環境整備法）にもとづく財政措置です。「住宅防音」に該当するのが、第3条「障害防止工事の助成」、第4条「住宅防音工事の助成」、第5条「移転の補償」などにもとづく財政措置であり、「周辺環境整備」に該当するのが、基地所在自治体の公共施設整備に充当される特別な補助金・交付金である第8条「民生安定施設の助成」、及び第9条「特定防衛施設周辺整備調整交付金」です（詳細は第3章で述べます）。

後者のうち補償経費とは漁船操業制限法による漁業損失補償などを意味しますが、この経費の多くを占めているのは「施設の借料」、つま

り非国有地の地権者に支払われる賃貸料です。これは一般に「軍用地料」と呼ばれており、第3章で明らかにするように沖縄の地域経済と自治体財政にはとくに大きな影響を及ぼす財政措置です。なお、提供施設・区域が国有財産の場合は、国有財産法の特例として、無償で提供されます[*17]。これが無償でなければどれくらいの収入となるかを試算したのが「提供普通財産借上試算」であり、2016年度では1657億円となっています[*18]。

　ともあれ2018年度の基地対策経費等4449億円のうち、地位協定第24条の原則からして日本側の負担額は基地周辺対策経費と施設の借料、補償経費等とを合わせた2481億円であるのが本来の姿なのです。

　すでに述べたように、日米地位協定は締結されて以来今日まで一字一句修正されておりません。にもかかわらず、日米地位協定の原則を逸脱して多額の経費を日本側が負担することとなっているのは、なぜでしょうか。次節では、その経緯を詳しく述べることとします。

3　日米地位協定すら守られていない

　前節で確認した日米地位協定第24条の原則を逸脱して日本側が負担する財政負担といえば、多くの人が'思いやり予算'を思い浮かべるでしょう。それは、金丸信防衛庁長官（当時）の提唱により、1978年度から始まったとされています。しかし、沖縄返還交渉に係る密約をスクープした、元毎日新聞記者の西山太吉氏は、1972年の沖縄返還協定発効にともなって実施されていたと指摘しています[*19]。沖縄返還協定は、その第7条において、日本政府がアメリカ政府に3億2000万ドルを支払うことを明記しています。さらにこれとは別に密約で、基地の改良・移転費などとして6500万ドルが確保されたというのです[*20]。

　基地の施設に関する経費について日本が負担することについて、国

会で大きな問題となったのは、1973年度予算審議においてでした。同年度予算案には、三沢飛行場、岩国飛行場の改築、改修費10億円が計上されていました。社会党（当時）の楢崎弥之助議員は、防衛施設庁の前身である調達庁が発行した『占領軍調達史』において、日米地位協定第24条と同じ内容である行政協定の条文の解釈として、日本側が負担する経費が「借上料と補償費」と明記していることなどを根拠に、米軍への新規提供、新築提供は認められないと主張しました。過去の見解との矛盾を批判された政府は「原則として代替の範囲を越える新築を含むことのないよう措置する」^{*21}という政府見解を示しました。これは「リロケーション」原則といい、基地の施設費を負担するにしてもあくまで代替関係のある場合に限定するということでした。

ところで、'思いやり予算'というのは、いわば俗称であり、正式な名称ではありません。日本政府は、アメリカとの交渉においては接受国支援 Host Nation Support といっています。また、政府の定義する地位協定の原則を逸脱した財政負担は先の表1-3に示した「在日米軍駐留経費負担」のうちの「特別協定」分だけです。しかし本書では政府の解釈にとらわれず、1978年度から始まった追加負担をすべて'思いやり予算'に含めることとして以下の叙述をすすめます。

そこでまず図1-2をみてください。これは2015年10月26日に開催された財務省の財政制度審議会財政制度分科会に提出された資料です。この図をみると、在日米軍駐留経費負担の対象が拡大してきた過程がよくわかります。その資料では、地位協定第24条を踏まえて、経費を3つに分類しています。まず第1が「地位協定上の我が国の義務的経費」であり、これまで述べてきた周辺対策、借料、リロケーションなどです。

第2が、「地位協定上、我が国が負担可能」とされているものです。これらは、日本政府の見解では、地位協定24条の原則の逸脱ではあり

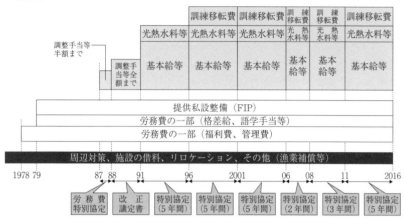

図1-2　在日米軍駐留経費負担の経緯
出所：財務省財政制度審議会財政制度分科会（2015年10月26日）に提供された資料。

ません。この図で「労務費の一部」（表1-3の「基地従業員対策等」）に該当し、1978年度から法定福利費、任意福利費等が、翌79年度からは国家公務員の水準を超える部分についての経費を日本側が負担することとなりました。これらについて政府は、地位協定第24条1項にいう「合衆国軍隊を維持することに伴う経費というのは、米軍が労働力を使用するのに直接必要な経費」という解釈をすることにより、これらの経費を日本側が負担することは地位協定の範囲内であるとしてきました。他方、しかし「これ以上24条1項の解釈ではわが国は労務については負担できない」とも説明されていました。[*22]

また、1979年度には「提供施設の整備」も加わることとなりました。これも、日本政府としては、日米地位協定第24条2項の「施設及び区域並びに路線権を合衆国に負担をかけないで提供」による負担との立場です。しかしながら、この図が明確に示しているように、これは先

に述べたリロケーションの範囲を逸脱しており、これによって基地内のさまざまな施設の建設費が日本の負担となりました[*23]。後掲の図1-3が示しますように、この経費はうなぎ登りに増加し、日本の常識では考えられない豪華な施設が提供されています。1つ例をあげましょう。2016年2月の通常国会において、日本共産党の宮本徹議員による岩国での米軍向け家族住宅の建設費に関する質問に対して、若宮健嗣副大臣は「6200万円から9700万円の範囲」と答弁しています[*24]。土地代を含まない建築費だけで、これだけの経費をかけた住宅が提供されているのです。

　そして第3が「地位協定上は米側が負担義務を負うが、特別協定により我が国が負担」とされているものです。その始まりが1987年の特別協定です。この時から、従業員給与のうち8項目の手当について50％を限度に日本側が負担することとなりました。しかしこれらは、これまでの解釈からして「アメリカ側において負担する義務があるというのが現行の地位協定第24条1項の趣旨である」「これを我が方が負担するとなれば、現行の地位協定第24条1項の原則とは違うことをやる」[*25]ことになります。そこで5年間の特別協定という方式を採用することになったのです。政府自身も日米地位協定を逸脱すると認める経費を負担することへの批判を受けて政府は、「暫定的」「特例的」「限定的」という表現を繰り返して、これが恒久措置でないことを強調しました。しかしこの特別協定により、労務費の日本側負担は前年の190億円から、360億円へと倍増し、思いやり予算全体も1000億円を突破しました。さらに翌年には、8項目の手当の負担割合も100％に引き上げられました。

　図1-2によると、1991年度からの特別協定では、従業員の基本給と光熱水料にまで対象が拡大されていることがわかります。光熱水料は、段階的に負担を増やし、この協定が終了する95年度に100％負担

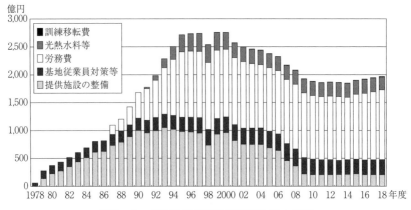

図1-3　在日米軍基地駐留経費負担の推移

注：「提供施設の整備」は歳出ベース予算額。
出所：防衛省「在日米軍駐留経費負担の推移」（防衛省ウェブサイトに掲載）、より作成。

とすることとなりました。

　1996年度からの特別協定では、これまでの枠組みを維持しながら、訓練のための移転に伴う経費を新たに負担することとなりました。これは厚木飛行場などで行われていたNLP（Night Landing Practice、空母艦載機の夜間着陸訓練）の硫黄島への移転、沖縄の県道104号越えの実弾演習の移転などが対象になります。図1-2からは、この96年特別協定の枠組みが今日まで継続していることがわかります。

　図1-3は在日米軍駐留経費負担の推移を示したものです。1978年度の62億円に始まり、毎年着実に増加しピーク時の1999年度には2756億円にもなっています。「小さく産んで大きく育てる」とはこのことをいうのでしょう。

　2000年度からの特別協定では、膨張する予算への批判を意識してか、光熱水料について、施設・区域外の住宅分については対象外とし、また上限額についても、区域外の住宅分を差し引いた上で、10％、33億円ほど引き下げることとしました。以後、2006年、08年においても、

28

上限額を据え置くなどするだけで、96年度の特別協定以来の枠組みを維持し続けました。

2011年3月末で失効する特別協定が原案通り継続となるかどうかは、少なからず注目を浴びました。なぜなら、2009年9月に政権党となった民主党が、野党時代の08年度からの特別協定の国会承認審議に際して、初めて反対に回ったからです。また、国会承認の審議がおこなわれた時期が、未曾有の大震災・原発震災にみまわれて間もない頃であり、その復興・補償予算の確保が最優先の課題となっており、当然減額となってしかるべきと思われたからです。しかし結果的には、特別協定の有効期間（2011年度から15年度）2010年度水準を5年間維持する、労務費について上限労働者数を2万3055人から2万2625人へ段階的に削減、光熱水料等について249億円を各年度の上限としつつ、日本側の負担割合を約76％から72％へ段階的に削減、労務費と光熱水料等の減額分は提供施設整備費への増額分とするなど、これまでの枠組みと何ら変わらない内容となりました。変わらないどころか、訓練移転費については、国内への移転に伴い追加的に必要となる経費に加え、グアム島という米国の施政下の領域への訓練移転に係るものも負担対象に追加されることとなりました。

そして2016年度から20年度までの現行協定では、労務費について日本側が負担する上限労働者数を2万2625人から2万3178人へ増加、光熱水料等の日本側負担割合を72％から61％に引き下げ、日本側負担の上限を約249億円とする、提供施設整備費は各年度206億円を下回らないようにするなどとして、5年間で年平均1893億円としています。

以上の経過からして、地位協定の改正という手続きを経ずに、「暫定」「特例」「限定」であるはずの特別協定を繰り返し更新し、事実上恒久化しているといえます。先の表1－3で示した2018年度予算額で

みますと、在日米軍駐留経費負担1968億円のうち政府の拡大解釈で「我が国が負担可能」なのは476億円だけで、「米側が負担義務を負うが、特別協定により我が国が負担」しているのが1492億円にのぼります。つまり、1977年度まで日本が負担していなかった在日米軍駐留経費負担のうち政府の解釈でも日本が負担する必要がない分が圧倒的に多いのです。

おわりに

　これまで述べてきたことから明らかなように、日米地位協定は紛れもなく不平等条約です。以上のような経費負担の実情は、その不平等条約すら守られていないことを示しています。世界中に展開している駐留米軍の実情を比較したケント・E.カルダーは、「米軍への受入国直接支援が大きい国は、韓国やクウェートのように、近年の戦争において米軍がその国の周辺で戦い、なおかつその国がいまも直接的で差し迫った軍事的脅威にさらされている場合が多い。しかし、日本はどちらの条件にもあてはならない」にもかかわらず、「アメリカの戦略目標に対し、日本ほど一貫して気前のいい支援を行ってきた国はない」と指摘しています[26]。あまりに過剰な'もてなし'ではないでしょうか[27]。

　さて図1-3によりますと、在日米軍駐留経費負担は1999年度をピークに減少し、2009年度以降は1900億円ほどで推移して、近年は基地従業員の人件費が多くを占めています。減少の主な要因は、「提供施設の整備」が大きく減ったことによります。

　ところで、先に述べた北部訓練の一部返還の前提条件として沖縄県東村高江に建設されたヘリパット（15頁）、名護市辺野古で強行されようとしている新基地建設に必要な経費は、どこに計上されているのでしょうか。それらは当然「提供施設の整備」に含まれているはずで

す。しかし実は、これら新基地建設に投じられてきた経費は、本章で紹介したいずれの予算項目にも計上されていないのです。この点は第3章で検証することとします。

ともあれここでは、米軍基地を維持するために、直接には表1−3で示した約4500億円を負担していること、国有地を無償で提供しているために1600億円の賃貸収入を失っていること、さまざまな特権によって多くの租税収入や公共料金収入を失っていることを確認しておくこととします。

注
1　寺島実郎（2010）、23頁。
2　豊下楢彦（1996）、孫崎享（2012）、矢部宏治（2014）、同（2017）、五味洋治（2017）、など。
3　Chalmers Johnson（2004）より。
4　Chalmers Johnson（2004）によると、世界中のアメリカ軍基地の多くは秘密のベールに包まれているため、その正確な規模と価値を正確に査定することは、国防長官が最高の機密取扱資格を持つ腹心の副官たちに尋ねてもわからないそうです。したがってこの資料は、あくまで参考資料です。
5　隣接する嘉手納弾薬庫11億ドルを加えると、86億ドルになります。
6　福田毅（2005）によりますと、1991年から2004年までの間に、在欧米軍の兵力は約3分の1に削減され、削減人数は19万8400人、うち約14万人が在独米陸軍だそうです。また、その兵力削減により、欧州にある米軍施設も1991年の1421から2004年には約500にまで削減されています。
7　正式名称は「日本国とアメリカ合衆国との間の相互協力及び安全保障条約第六条に基づく施設及び区域並びに日本国における合衆国軍隊の地位に関する協定」といいます。この協定については、本間浩（1996）、琉球新報社・地位協定取材班（2004）、琉球新報社編（2004）、前泊博盛（2013）、明田川融（2017）、などを参照してください。
8　正式名称は「日本国とアメリカ合衆国との間の安全保障条約第三条に基づく行政協定」といいます。

9 外務省のウェブサイトに英訳対照全文が掲載されています。
10 伊勢崎賢治・布施祐仁（2017）139-140 頁。
11 同上書、140 頁。
12 沖縄県が 2018 年 3 月 30 日に発表した、地位協定の国際比較に関する「中間報告書」も参考になります。報告書では、結論として以下のように述べています。

　「ドイツ、イタリア共に、米軍機の事故をきっかけとした国民世論の高まりを背景に、地位協定の改定や新たな協定の締結交渉に臨み、それを実現させている。そのような取り組みにより、自国の法律や規則を米軍にも適用させることで自国の主権を確立させ、米軍の活動をコントロールしている。また、騒音軽減委員会や地域委員会が設置され、地元自治体の意見などを米軍が聴取している。これに対し、日本では、原則として国内法が適用されず、日米で合意した飛行制限等も守られない状況や地元自治体が地域の委員会設置を求めても対応されない状況であり、両国とは大きな違いがある」と。

　なお、沖縄県基地対策課のウェブサイト「地位協定ポータルサイト」には、この報告書の全文に加えて、日米地位協定本文、合意議事録、日米合同委員会合意等のほか、他国が米国と締結している地位協定の原文、日本語訳などが掲載されています。

13 この点については、林公則（2011）を参照。
14 軍属とは、アメリカ合衆国の国籍を有する文民で、日本にいるアメリカ合衆国軍隊に雇用されて勤務している人、またはそれに随伴する人を意味します。
15 防衛省作成の「確定した航空騒音等訴訟の賠償金等一覧（米軍関連施設）」が、福島みずほ参議院議員の 2018 年 4 月 9 日のツイッターで公開されています。なお、照屋寛徳衆議院議員が 2009 年 1 月 20 日に提出した「米軍の航空機騒音に係る訴訟における損害賠償金等に関する質問主意書」に対する政府の答弁書（2009 年 12 月 1 日）では、アメリカ側が支払いに応じていない理由として「本件分担の在り方についての我が国政府の立場とアメリカ合衆国政府の立場が異なっていることから、妥結をみていない」と述べられています。
16 沖縄県うるま市で 2016 年 4 月に 20 歳の女性が殺害された事件で、那覇地裁が元米軍属の被告に遺族への損害賠償を命じたにもかかわらず、本人に支払い能力がない上に、アメリカ政府も負担しない方針であることが明らかになっています。被告は米軍と契約する民間会社に雇用された軍属で、地位協定で定め

る「構成員または被用者」に該当しないというのがアメリカ側の見解とのことです。もしアメリカによる補償の対象にならなければ、SACO 見舞金の対象にもなりません。このままだと、被害者の遺族は1円の補償も受けられないという、まことに不条理な事態となります。被告は軍属として日米地位協定にもとづく特権を受けているにもかかわらず、補償では対象外とするというアメリカによるご都合主義的な運営に批判が高まりました(「米、遺族へ補償拒否」『琉球新報』2018 年 3 月 17 日付、「米、遺族へ補償金拒む」『朝日新聞』2018 年 3 月 16 日付)。こうした批判を意識してでしょうか、アメリカ側が特例的に支払うことが検討されているようです(「特例で補償検討」『琉球新報』2018 年 6 月 7 日付)。

17 正式名称は「日本国とアメリカ合衆国との間の相互協力及び安全保障条約第六条に基づく施設及び区域並びに日本国における合衆国軍隊の地位に関する協定の実施に伴う国有の財産の管理に関する法律」といいます。

18 防衛省(2017)より。

19 西山太吉(2015)96 頁。

20 西山太吉(2015)35 頁。2011 年 12 月 22 日に日本外務省が開示した外交文書でも、沖縄返還協定に明記された 3 億 2000 万ドルとは別枠で、米軍施設改善移転費として 6500 万ドル(当時のレートで 234 億円)の日本負担を確認した署名文書の存在を日本側が事実上認める資料が見つかっています(「別枠で 234 億円も負担」『琉球新報』2011 年 12 月 23 日付)。

21 第 71 回国会衆議院予算委員会(1973 年 3 月 13 日)における大平正芳外務大臣の発言。

22 第 108 回国会衆議院外務委員会(1987 年 5 月 18 日)における藤井宏昭外務省北米局長の発言。

23 米ネットメディア「インターセプト」が、元米国家安全保障局(NSA)契約職員スノーデン氏が入手した機密文書を根拠として、横田基地で 2004 年に 3000m^2 の NSA のアンテナ工場が完成し、建設費 660 万ドルのほぼ全額を日本政府が負担したと報じました。これは「提供施設の整備」によってまかなわれているのですが、そのうち「工場」の詳細については明らかにされていません。以上は、「おもいやり予算で謎の工場 使途あいまい」『朝日新聞』2017 年 7 月 21 日付、によります。

24 「なぜトイレが三つも要るのか」という質問に対し、「日本人とは根本的にラ

イフスタイルが違う」「体の大きさがそもそも違う」「一人に一個のお風呂に入るような習慣の方が非常に多い」などと、答弁しています（第190回国会衆議院財政金融委員会［2016年2月25日］より）。
25　第108回国会衆議院外務委員会（1987年5月18日）における柳井俊二外務大臣官房審議官の発言。
26　Kent E. Calder (2007), pp.193-194、邦訳288-289頁。
27　「もてなす」をキーワードとして日本の米国への異常な従属関係を明らかにした著作として、渡辺豪（2015）があります。

第2章　在日米軍基地と沖縄

はじめに

　1952年4月28日に発効したサンフランシスコ講和条約によって日本は「独立」を回復しました。他方、その講和条約第3条によって、沖縄が日本から切り離され、さらに20年間にわたり米軍政下におかれることになりました。

　図2-1は、在日米軍専用施設面積に占める沖縄と沖縄以外の日本の割合を、「独立」間もない1955年、沖縄が日本に「復帰」した1972年、そして現在とを比べてみたものです。「独立」当時、在日米軍基地の大半は沖縄以外の日本にあったことがわかります。先の図1-1によりますと、「独立」後まもなく日本の米軍基地が大きく減少したからでしょうか、1972年の時点での沖縄の割合が4割に上昇しました。そして何より注目す

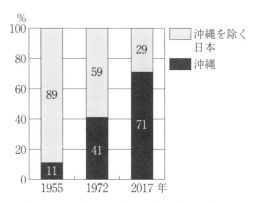

図2-1　米軍専用施設面積の割合の推移

出所：1955年と72年は『沖縄タイムス』2016年6月18日付、2017年は沖縄県知事公室基地対策課 (2018)、1頁、より作成。

べきは、1972年から現在までの間に沖縄の割合がさらに上昇していることです。

　沖縄返還協定を審議した第67回臨時国会の沖縄返還協定特別委員会は、1971年11月24日に「非核兵器ならびに沖縄米軍基地縮小に関する決議案」を可決し、それには「政府は、沖縄米軍基地についてすみやかな将来の整理縮小の措置をとるべき」と盛り込まれました。つまり国会の意思として在沖米軍基地の縮小に取り組むことを決議しました。にもかかわらず、半世紀近く経過した今日、図2-1が示すように復帰時と比べて沖縄の比重は逆に上昇し、国土面積の0.6％しかない沖縄に、在日米軍専用施設の7割もが集中しているのです。この事実からして、米軍基地が沖縄に集中しているのは、日本政府の意図的な政策の結果であると断定するのは、筆者のうがった見方でしょうか。

　本章では、こうした沖縄への基地集中の過程を跡づけ、日本政府による沖縄の基地確保政策の差別的性格を明らかにすることとします。

1　「復帰」前の基地形成過程

　日本において「独立」後も米軍基地が残ったのは安保条約にもとづいてですが、沖縄の場合はアメリカ軍政下においてのことでした。
　来間泰男氏の整理によると、沖縄のアメリカ軍基地は3次にわたる接収によって形成されました[*1]。まずは日本軍との戦闘の最中に、住民をキャンプに収容しているうちに確保されました。いわば戦時強制収用であり、法的には「ハーグ陸戦法規」によるとされています[*2]。沖縄の人々には抵抗するすべはなく、現在の主な米軍基地はこのとき形成されました。このように軍事占領によって主な基地が形成されたことが、沖縄の基地の基本的性格を規定しているといってよいでしょう（第1次接収）。

サンフランシスコ講和条約3条によると、沖縄などについては「合衆国を唯一の施政権者とする信託統治制度の下におくこととする国際連合に対する合衆国のいかなる提案にも同意する。このような提案が行われ且つ可決されるまで、合衆国は、領水を含むこれら諸島の領域及び住民に対して、行政、立法及び司法上の権力の全部及び一部を行使する権利を有するものとする」とされました。その後、アメリカが信託統治とする提案をしたことがなく、「行政、立法及び司法上の権力の全部及び一部を行使する権利を有する」アメリカによる軍事占領が継続されることとなりました。

日本が「独立」を回復した1950年代前半、第1次接収で多くの土地を奪った上に、米軍は一方的な布令などによって、住民が生活の糧としていたわずかな土地も奪っていきました。具体的には、真和志村（現・那覇市）安謝・銘苅、小禄村（現・那覇市）具志、宜野湾村（現・宜野湾市）伊佐浜、伊江村真謝・西崎などで文字通り「銃剣とブルドーザー」による接収が強行されました（第2次接収）。これらは面積としては第1次・第3次と比べて大きくありませんが、人々の激しい抵抗を押し切って強行されたものです。[*3]

さらに50年代後半には、北部訓練場やキャンプ・ハンセンなど大規模な基地拡張が行われました（第3次接収）。第1次・第2次が、主として平野部の民有地を対象としていたのに対し、第3次は国有地、県市町村有地が大きな割合をしめ、山林が中心でした。北部訓練場の接収に対して、国頭村議会は「生活を山稼ぎで支え、山を取られたら生活の根拠を失う」と、東村議会も「山林収入で生活の70％以上を占めている本村民にとって不安と一大脅威を与えている」と、影響の大きさを訴え米民政府に中止を求めましたが、聞き入れられませんでした。[*4]それらは、大半が海兵隊基地の拡張であり、この第3次接収によって、沖縄のアメリカ軍基地の面積は1万6000haから2万7000haへと拡大

第2章　在日米軍基地と沖縄　37

し、海兵隊を中心とした基地に変わることとなりました。

　後掲の表2-4が示すように現在の在沖米軍の中心をなす海兵隊は、かつてはキャンプ岐阜とキャンプ富士（山梨）に司令部がおかれ、神奈川県横須賀市、静岡県御殿場市、滋賀県大津市、奈良市、大阪府和泉市・堺市、神戸市などに部隊が駐留していました。しかし反基地運動の高まりに直面して撤収を余儀なくされ、軍政下の沖縄に移駐したのです[*5]。つまり、日本が「独立」を回復して、先の図1-1でみたように米軍基地が大きく減少する一方で、日本に配備されていた海兵隊が沖縄に移るなどしたために、沖縄の基地は拡張していったのです。その結果、図2-1にみたように、沖縄の割合が増加したのです。

　なお、2017年9月10日に放送されたNHKスペシャル「沖縄と核」において、機密資料と新証言から、米軍政下での沖縄の基地が世界最大級の核拠点となっていた実態が明らかにされました。それによると、嘉手納弾薬庫などに1300発もの核兵器が貯蔵されており、米軍は8カ所に核ミサイルのナイキ・ハーキュリーズを設置していました。また、1959年6月19日、那覇基地に配備中の核ミサイル「ナイキ・ハーキュリーズ」が訓練中に誤発射されて、1人が死亡し、核ミサイルが目の前の海中に突っ込んだというのです。

2　日本支配下での基地確保政策

　先に述べましたように、復帰の半年前の国会において沖縄の基地縮小に取り組むことが決議されました。ところが、復帰後まもなく日本政府が取り組んだのは、東京の府中空軍施設、立川飛行場、関東村住宅地区、埼玉のキャンプ朝霞（南部分）、ジョンソン飛行場住宅地区、茨城の水戸空対地射爆撃場を返還し、これら施設・区域の機能を東京の横田飛行場に集約する「関東平野空軍施設整理統合計画」（以下、関

東計画）でした。これは1972年1月の「佐藤・ニクソン合意」を契機として取り組まれたもので、翌73年1月の日米安全保障協議会で了承され、5年半後の1978年7月に返還が完了しました。*6 これ以降、最近の沖縄の北部訓練場の一部返還に至るまで大規模な基地返還が行われなかったことは第1章で述べた通りです。復帰後、沖縄の基地の縮小がまったく取り組まれなかったわけではありませんが、関東計画による首都圏の基地面積縮小と比べるとわずかでしかありませんでした。関東計画に関する日米安全保障協議会の合意文書には、「米側は、日本における施設・区域の数を削減し残余を統合する努力を払う際には、人口稠密地域において深刻化している土地問題及び安保条約の目的上必要でなくなった施設・区域の返還についての日本政府の要望を考慮に入れている」と述べられています。しかしながら後に述べるように沖縄の「人口稠密地域」の基地返還は遅々としてすすんでいません。

　なんといっても重大なのは、復帰後も今日まで米軍基地の確保を最優先とする日本政府の政策は何ら変わらなかったことです。以下では、その基地確保優先政策を跡づけることとします。

　軍事占領をそのまま継続してアメリカが事実上強制的に使用してきた沖縄の軍用地は、1972年の復帰に際して日本の法体系に入ったことによって、正式な契約に切り替えなければならなくなりました。ところが、復帰時においても地権者が契約に応じない土地が大量に発生することが確実となったため、基地用地の確保のために「沖縄における公用地等の暫定使用に関する法律」（公用地法）が制定されました。この法律では、軍用地を公用地とみなして、復帰後5年間は契約がなくても強制使用できることとしました。復帰時の駐留軍用地2万8660haのうち民有地が1万8670haでしたが、うち1万4100haは地権者の合意を得て使用権原を取得したものの、残り4500haについてはこの公用地法を適用して暫定使用されることとなりました。*7

第2章　在日米軍基地と沖縄　39

復帰時には契約に応じなかった地権者の多くが復帰後は応じたため、公用地法による暫定使用期間満了日1年前の1976年4月1日現在の未契約地は復帰時と比べて大きく減少しましたが、少なからず契約に応じない地権者が存在しました。いわゆる「反戦地主」[*8]です。公用地法の期限が切れた復帰5年目の1977年5月15日、反戦地主たちは基地内の自らの土地に立ち入りました。しかしその4日後に成立した「沖縄県の区域内における位置境界不明地域内の各筆の土地の位置境界の明確化等に関する特別措置法」の付則において、公用地法が5年間延長されることとなりました。

　復帰10年目の1982年5月15日には、それも期限切れを迎えました。そこで政府は、1952年の制定以来ほとんどの発動した実績がない「駐留軍用地特措法」[*9]を活用することにしました。米軍基地用地の確保について特別措置法を定めなければならないのは、公共事業などに必要な土地の提供に地権者が応じない場合に適用される土地収用法において、「土地を収用し、又は使用することができる事業」を定めた第3条には、外国の軍隊に土地を提供する条文がないことによると思われます。とはいえ、駐留軍用地特措法における具体的な手続きの大半は土地収用法の規定が適用されます（第14条）。そして1982年以降、5年ごとに駐留軍用地特措法にもとづく強制使用が繰り返されてきました。

　重大な転機は、1997年5月に新たな使用権原を取得する必要がある軍用地について、当時の大田昌秀知事が代理署名を拒否したことでした。実は、それまで地権者に契約を拒否された土地については、駐留軍用地特措法にもとづいて当該地の市町村長に代理署名を求め、市町村長が拒否した場合は、知事が代理署名をしていました。大田知事がこれを拒否したため、政府は地方自治法にもとづく勧告、さらには命令を出しましたが、いずれも拒否されました。そこで政府は、沖縄県知事を被告とする職務執行命令訴訟を提起したのです。国が「執行命

令」できるのは、軍用地の確保が国による地方自治体に対する機関委任事務であったからです。[*10]

　機関委任事務とはいえ、こうした自治体の'抵抗'に手を焼いた政府は、1997年に駐留軍用地特措法を改正し、使用期限が切れた軍用地であっても、収用委員会の裁決による権原取得日の前日まで暫定的に使用できることとしました。

　さらに、2000年の地方分権一括法制定の一環として駐留軍用地特措法が改正されました。一括法の最大の目玉は、機関委任事務の廃止でした。そこで機関委任事務であった駐留軍用地特措法にもとづく土地の使用・収用手続きについて、使用・収用裁決等の事務は都道府県の法定受託事務とされたものの、代理署名など従来は市町村長や知事に委任されていた事務は国の直接執行事務とされたのです。つまり、それまでは地方自治体が拒否を貫いた場合、国は訴訟を起こさなければ事務を遂行できなかったのですが、これによって国はそうした'手間'をかけることなく基地を確保することができることとなりました。

　このように、復帰後も沖縄への米軍基地の偏在をどう解消するかという政策がないまま、米軍基地を確保することを最優先とする「特別措置」が繰り返されました。それらは、地権者の意向をまったく顧みることなく基地を確保することを優先したもので、アメリカの軍政下の布令・布告と何ら変わらないというほかありません。復帰時の公用地法をはじめとする一連の特別措置は、事実上沖縄だけを対象としたものですから、本来なら憲法第95条にもとづく県民投票の対象となるべきではないでしょうか。また、駐留軍用地特措法は全国の基地が対象となりますが、1997年および2000年の改正は、沖縄の基地確保を目的としたものですから、これも憲法第95条が適用されるべきだったと思います。ちなみに、この特措法の沖縄県外での適用実績は1961年以降ありません。1982年5月15日以降、沖縄県内でこの法律が適

第2章　在日米軍基地と沖縄　41

用されたのは延べ100件以上に上り、2017年1月1日現在58.8haにもなります[*11]。ともあれ、1990年代半ば以降、「地方分権」つまり地方自治体の自己決定権をいかに拡大するかが内政上の最重要課題となっていたにもかかわらず、当該地を今後も基地として提供し続けるかどうかという自治体の将来に重大な影響を及ぼす施策については、逆に集権化がすすんだのです[*12]。

3 沖縄の基地の特異性

前節で述べたような経緯で形成された沖縄の基地の特異性について、いくつか指摘しておきます。

まず表2-1は、米軍及び自衛隊基地面積と陸地面積に対する割合をみたものです。沖縄県の陸地面積全体に占める基地の割合は8.3%で

表2-1 陸地面積に対する米

区　分	陸地面積 A (km^2)	米軍基地面積 B (千m^2)	割合 B／A (％)
沖縄県 （うち専用施設）	2,281.14	188,222 (186,092)	8.3 (8.2)
北　部	825.49	119,745	14.5
中　部	283.41	65,562	23.1
南　部	353.39	2,000	0.6
宮　古	226.19	—	—
八重山	592.69	915	0.2
（沖縄本島） ((うち専用施設))	(1,206.98)	(177,585) ((175,711))	(14.7) ((14.6))

注：米軍基地と自衛隊基地を合計した面積が合計欄（D）と一致しないのは、米軍が
　　基地面積は2017年3月末現在。
　　計数は四捨五入によるため、符合しないことがある。
出所：沖縄県知事公室基地対策課（2018）、5頁。

すが、そのほとんどが本島北部地域と中部地域に集中しており、北部地域は 14.5％ が、中部地域は 23.1％ が基地によって占められていることがわかります。沖縄県民の 8 割以上（約 120 万人）が暮らす本島中南部都市圏のうち米軍基地が存在する 9 市町村では、市域面積の約 25％ を米軍基地が占めています。その割合が最も高い嘉手納町は、80％ 以上を米軍基地が占めています。さらにこの表で示した陸地に加えて、訓練のための水域を 27 水域、5 万 4938km^2（九州の約 1.3 倍）、空域を 20 空域、9 万 5416km^2（北海道の約 1.1 倍）も提供させられていることも指摘しておかなければなりません。[*14]

　沖縄の基地過重負担を象徴するのが、嘉手納飛行場の存在です。4000m の滑走路が 2 本もあり、隣接する嘉手納弾薬庫を合わせた面積は 4644ha にもなります。ちなみに、日本の主な米軍基地である青森・三沢飛行場、東京・横田飛行場、神奈川・横須賀海軍施設、山口・岩

軍及び自衛隊基地面積の割合

自衛隊基地面積 C （千m^2）	割合 C／A （％）	基地面積合計 D≒B+C （千m^2）	割合 D／A （％）
6,931	0.3	194,896	8.5
616	0.1	120,361	14.6
1,392	0.5	66,700	23.5
4,492	1.3	6,490	1.8
137	0.1	137	0.1
293	0	1,208	0.2
(6,023)	(0.5)	(183,609)	(15.2)

自衛隊基地を一時使用（共同使用）している基地の面積が両方に含まれているため。

表2-2 沖縄県内基地の所有形態別面積 (2017年3月末現在)

区分		米軍基地		自衛隊基地	
		面積(千m²)	構成比(%)	面積(千m²)	構成比(%)
沖縄	国有地	43,944	23.3%	1,010	14.6%
	県有地	2,440	1.3%	1	0.0%
	市町村有地	67,467	35.8%	1,402	20.2%
	民有地	74,371	39.5%	4,518	65.2%
	小計	188,222	100.0%	6,931	100.0%
日本（沖縄を除く）	国有地	692,897	87.4%	968,268	89.4%
	その他	99,902	12.6%	114,413	10.6%
	小計	792,799	100.0%	1,082,681	100.0%

注：計数は四捨五入によるため、符合しないことがある。
出所：沖縄県知事公室基地対策課（2018）、7頁。

国飛行場、長崎・佐世保海軍施設の面積を合わせても約3500haほどです。この嘉手納飛行場の存在だけでも、十分すぎる過重負担というべきではないでしょうか。
*15

　沖縄の米軍基地の特異性は、その所有形態にもみることができます。すなわち、沖縄以外の米軍基地の場合はその多くが旧日本軍の基地を活用しているために国有地が大半を占めるのに対し、沖縄の場合は表2-2のように、国有地は23.3％にすぎず、残りは県有地1.3％、市町村有地35.8％、民有地39.5％となっています。こうした違いは、すでに述べたように、凄惨な地上戦を生き延びた人々をキャンプに収容している間に、従前の使用状況にかかわりなく米軍が欲するままに基地を確保したことが沖縄の基地形成の原点となっていることによります。なお、この表では沖縄以外の日本の面積が沖縄のそれを大きく上回っていますが、これは先の図1-1でみた一時使用施設を含めているからです。沖縄の場合は、ほとんどが米軍専用施設である点も沖縄以外の日本との大きな違いといえます。

表2-3 地区別所有形態別米軍基地面積

(単位:千m²)

区分	国有地	県有地	市町村有地	民有地	合計
北部地区	39,302 32.8%	2,187 1.8%	56,419 47.1%	21,839 18.2%	119,745 100.0%
中部地区	4,388 6.7%	207 0.3%	10,748 16.4%	50,223 76.6%	65,562 100.0%
南部地区	214 10.7%	46 2.3%	304 15.2%	1,436 71.8%	2,000 100.0%
八重山地区	41 4.5%	―	―	874 95.5%	915 100.0%
合計	43,944 23.3%	2,440 1.3%	67,467 35.8%	74,371 39.5%	188,222 100.0%

注:計数は四捨五入によるため、符合しないことがある。
出所:沖縄県知事公室基地対策課(2018)、11頁。

　次いで表2-3は、所有形態を地域別に示したものです。それによりますと、国有地4394haのうちの3930ha、市町村有地6747haのうちの5642haが北部地域にあり、北部地域では国有地と自治体所有地で8割以上を占めていること、他方、民有地7437haのうち5022haが中部地域にあり、中部地域の米軍基地の76.6%もが民有地で占められていることがわかります。北部の米軍基地は、すでに述べたようにもっぱら第3次接収で形成されたもので、主として海兵隊の訓練場として使われる山林が多くを占めています。国有地の大半は、国頭村と東村にまたがる北部訓練場にあります。[*16] そのほかの北部地域の米軍基地は、市町村有地が多くを占めますが、これは実は、いわゆる字有地であって、名義が市町村有地となっていることによる場合が多いのです。これに対し、主に第1次接収で形成された中部地域の米軍基地は、ほとんどが平地を占有しています。先に述べた極東最大の米空軍基地である嘉手納飛行場の場合、1985haのうち1793ha(90.3%)が、普天間飛行場の場合、481haのうち425ha(88.4%)が民有地です。

表2-4 軍別施設数・面積・軍人数

区　分	施設数	構成比	面積(千m^2)	構成比	軍人数(人)	構成比
海兵隊	11	34.4%	125,872	66.9%	15,365	57.2%
空　軍	5	15.6%	871	0.5%	6,772	25.2%
海　軍	4	12.5%	2,614	1.4%	3,199	11.9%
陸　軍	2	6.3%	3,172	1.7%	1,547	5.8%
共　用	9	28.1%	55,437	29.5%	―	―
その他	1	3.1%	254	0.1%	―	―
合　計	32	100.0%	188,222	100.0%	26,883	100.0%

注：施設数・面積は2017年3月末現在、軍人数は2011年6月末現在。
　　計数は四捨五入によるため、符合しないことがある。
出所：沖縄県知事公室基地対策課（2018）、10頁。

　そして軍別施設数・面積・軍人をみた表2-4をみると、在沖米軍の主力が海兵隊であることを改めて確認できます。すなわち、海兵隊の占める比重をみると、32施設のうち11施設（34.4％）、面積1万8822haのうち1万2587ha（66.9％）、軍人数2万6883人のうち1万5365人（57.2％）となっています。

　さらに自衛隊基地にも言及しておくこととします。先の表2-2によりますと、沖縄の自衛隊基地面積は693haと米軍基地よりはるかに小さいのですが、うち国有地は14.6％にすぎないのに対し、民有地が65.2％と3分の2を占めています。市町村別分布をみると、那覇市が343haと全体の半分を占めています。これは、米軍が強奪した土地を、復帰後も地権者に返還することなく自衛隊が代わって使用していることによると思われます。[*17]

4　辺野古新基地建設にみる沖縄差別の継続

　前節で述べたような差別というほかない沖縄への基地過重負担につ

いて、日本政府はことあるごとに「負担軽減」を唱えてきました。しかしその施策の基本的な枠組みは、基地を返還するとしても米軍の機能を損なうことがないよう沖縄県内の別のところに基地を新設することを条件としているために、沖縄の人々の支持を得られず、負担軽減の成果もほとんど挙がっていません。その象徴的事例が普天間飛行場撤去の前提条件としての辺野古新基地建設政策でしょう。

辺野古新基地建設をめぐる諸問題は、1995年9月に起きた海兵隊員3人による少女への犯罪行為に端を発しています。翌10月には8万5000人もの人々が参加した県民総決起集会が開かれました。そこで日米政府は、「沖縄における施設・区域に関する特別行動委員会（SACO）」を設置して基地の整理・縮小に取り組む姿勢を示しました。

1996年12月にはSACOの最終報告書が発表されました（以下、SACO合意）。そこでは、まず一連の作業は「沖縄県民の負担を軽減し、日米同盟関係を強化するため」に着手したことを謳っています。そしてこの最終報告に盛り込まれた計画が実施されれば「沖縄県の地域社会に対する米軍活動の影響を軽減する」と同時に「在日米軍の能力及び即応体制を十分に維持する」とも述べられています。このように沖縄の負担軽減の必要性は認めるものの、あくまで米軍基地の機能を維持することが前提であるという枠組みが、繰り返し強調されているのです。そして11施設、5000haの返還に合意したものの、ほとんどが県内に新たな施設を建設することを条件としていました。[*18]

返還対象11施設のうち普天間飛行場についてのみ、特別な文書が付与されて詳しい記述がされています。そこでは、まず「普天間飛行場の重要な軍事的機能及び能力を維持しつつ、同飛行場の返還及び同飛行場に所在する部隊・装備等の沖縄県における他の米軍施設及び区域への移転について適切な方策を決定するための作業を行ってきた」（傍点は筆者）と述べられています。そして①ヘリポートの嘉手納飛行場

への集約、②キャンプ・シュワブにおけるヘリポートの建設、③海上施設の建設の3案を検討した上で、沖縄本島の東海岸に海上施設を建設することを提案しています。[*19]

　この報告を受けて、名護市辺野古のキャンプ・シュワブ沖合に海上基地を建設することが政府から提案されました。以来今日まで、その是非をめぐり、名護市をはじめ沖縄社会が翻弄されてきたことは周知の通りです。

　SACO合意の実現が遅々として進まない中、日米両政府は2005年10月29日に「日米同盟：未来のための変革と再編」に合意しました。そこでは「SACO最終報告の着実な実施の重要性を確認」しつつも、「普天間飛行場の移設が大幅に遅延していることを認識し、運用上の能力を維持しつつ、普天間飛行場の返還を加速できるような、沖縄県内での移設のあり得べき他の多くの選択肢を検討した」結果、「キャンプ・シュワブの海岸線の区域とこれに近接する大浦湾の水域を結ぶL字型に普天間代替施設を設置する」と述べています。その実施日程をまとめて翌2006年5月1日に発表された「再編の実施のための日米ロードマップ」(以下、日米ロードマップ)には、嘉手納飛行場より南に位置する普天間飛行場、キャンプ桑江、キャンプ瑞慶覧、牧港補給基地、那覇港湾施設、そして陸軍貯油施設第1桑江タンク・ファームの6施設の返還が盛り込まれています。

　表2-5は、2013年4月に合意された6施設の返還予定を示したものです。全体で1048haのうち、手続きが完了次第に速やかに返還されるのはわずか65haにすぎません。普天間飛行場など、県内に新基地を建設後に返還される施設が面積では841haとほとんどを占めています。返還年度が明記はされていますが、予定通りには実現しないことを見越してでしょうか「またはその後」という文言も付されています。これは要するに、いつ返還されるかわからないということです。また、

表2-5　嘉手納以南　施設・区域の返還時期（見込み）

必要な手続の完了後に速やかに返還可能となる区域	
キャンプ瑞慶覧の西普天間住宅地区	返還済
牧港補給地区の北側進入路	返還済
牧港補給地区の第5ゲート付近の区域	2014年度またはその後
キャンプ瑞慶覧の施設技術部地区内の倉庫地区の一部	2019年度またはその後
沖縄において代替施設が提供され次第返還可能となる区域	
キャンプ桑江	2025年度またはその後
キャンプ瑞慶覧のロウワー・プラザ住宅地区	2024年度またはその後
キャンプ瑞慶覧の喜舎場住宅地区の一部	2024年度またはその後
キャンプ瑞慶覧のインダストリアル・コリドー	2024年度またはその後
牧港補給地区の倉庫地区の大半を含む部分	2025年度またはその後
那覇港湾施設	2028年度またはその後
陸軍貯油施設第1桑江タンク・ファーム	2022年度またはその後
普天間飛行場	2022年度またはその後
米海兵隊の兵力が沖縄から日本国外の場所に移転するにともない、返還可能となる区域	
キャンプ瑞慶覧の追加的な部分	―
牧港補給地区の残余の部分	2024年度またはその後

出所：防衛省編（2017）、510頁。

　残り142haは海兵隊の国外への移転後に返還とされています。この場合の国外とは、グアムなどを意味します。このグアムへの移転に必要な費用についても28億ドルを上限として日本が負担することになっています。

　SACO合意にせよ、日米ロードマップにせよ、基地の返還に応じてもよいが、県内のどこか別の場所を提供することが前提条件であるという枠組みはかわりません。これは見方を変えると、沖縄の基地を沖縄以外の日本で引き受けるつもりはないという日本政府の意思を示しています。この枠組みを変えようとしたのが、鳩山由紀夫氏でした。2009年8月の総選挙に際して民主党の代表であった鳩山氏が、普天間飛行場について「最低でも県外、できれば国外」を公約して勝利したことは記憶に新しいところです。このすばらしい公約をどう実現する

かをめぐって鳩山政権は迷走に迷走を続け、残念ながら鳩山首相は就任後1年も経ずに辞任を余儀なくされました。

　この鳩山政権の挫折から、安全保障政策をめぐる2つの不都合な真実が明らかになりました。1つは、衆議院で3分の2近い議席を確保して政権を獲得して成立した政権をもってしても、あまたある米軍基地のうちたった1つの海兵隊基地を撤去できず、首相が辞任に追い込まれたということです。日本の最高権力者とは、何と軽い存在なのでしょう。

　もう1つは、その迷走の過程で、普天間飛行場をどこも引き受けるところがないという日本の「民意」が明らかになったことです。これはつまり「日米安保が大事なら、その負担は等しく分かち合うべきではないか」という沖縄からたびたび発せられる疑問に対し、日本政府も日本の「民意」も応える術がないということを意味します。こうして沖縄の民意だけを無視して、基地の押しつけを続ける日本の安全保障政策の差別性が白日の下にさらされることになりました。

　この差別の極致といえるのが、安倍政権による辺野古新基地建設の強行でしょう。詳しい経過は省略しますが、日本政府は、相変わらず新基地建設に反対する民意と向き合い真摯に話し合うことをせずに、20年前と同じく裁判に持ち込みました。20年前は既存の基地の継続使用について、そして今回は新基地建設についてですが、いずれも日本政府が沖縄県の同意を獲得することができなかった故のことです。

　ただし、すでに述べたように20年前は駐留軍用地特措法による基地の確保という機関委任事務の遂行をめぐる争いでしたが、今回は2000年の分権一括法で法定受託事務となった公有水面埋立法の運用をめぐって争われています。機関委任事務の廃止によって国と地方自治体は対等になったはずなのです。しかし、木村草太氏の言葉を借りますと「日米政府の合意さえあれば、たとえ地元住民や自治体の同意がなくて

も米軍基地の設置場所を決定できる[*21]」という法的認識にもとづく政府の主張およびそれを追認した司法判断をみると、この間の地方分権の成果はもとより、憲法第8章で保証されている地方自治すらないがしろにされていると言わざるを得ません。それを象徴するものの1つとして、辺野古の埋立承認処分の取消を違法と判断した2016年9月16日の福岡高裁那覇支部の判決の一部を引用します。

> 「全ての知事が埋立承認を拒否した場合、国防・外交に本来的権限と責任を負うべき立場にある国の不合理とは言えない判断が覆されてしまい、国の本来的事務について地方公共団体の判断が国の判断に優越することにもなりかねない。これは、地方自治法が定める国と地方の役割分担の原則にも沿わない不都合な事態である。よって、国の説明する国防・外交上の必要性について、具体的な点において不合理であると認められない限りは、被告はその判断を尊重すべきである」。

そもそも「全ての知事が拒否」するような政策であるのに、なぜ沖縄県だけが従わなければならないのでしょうか。そのような政策の正当性こそが問題とされるべきでしょう。このような判決がまかり通るなら、基地の設置場所について国は自治体の意見など聞く耳を持たなくてもよいということになってしまい、結果的には、沖縄差別を司法も容認したことになってしまいます。そして最高裁もこの不当な判決を追認しました。20年前も今回も、司法は沖縄差別に向き合いませんでした。

おわりに

　周知のごとく、沖縄は、かつては「琉球王国」というれっきとした独立国でした。幕末にはアメリカ、フランス、オランダと条約も結んでいます。それが日本の1県に'降格'させられたのは、1879年の「琉球処分」*22によるものです。これは、当時の日本政府が武力で威嚇して一方的に下したものです。以来、今日に至るまで沖縄の将来に関する重大な政策決定について、沖縄の人々の意見はまったくといってよいほど顧みられませんでした。例えば、安保条約を批准した国会に沖縄の代表は不在でした。「復帰」前年の1971年11月に琉球政府が作成した「復帰措置に関する建議書」は無視され、沖縄返還協定は強行採決されました。その国会で、沖縄の基地の整理・縮小に取り組むことを決議したにもかかわらず、日本政府が復帰後に最初に取り組んだのは首都圏の基地の整理・縮小でした。そして今日まで、特別措置法つまり「処分」を乱発して基地確保を優先する施策がすすめられ、面積でみた全国の米軍専用施設に占める沖縄の割合は、復帰時と比べて逆に上昇することになりました。日本に「復帰」したものの、基地確保を優先する施策は、米軍政下と何ら変わらなかったというべきでしょう。

　要するに、日本政府は沖縄に基地を集中させる必要性について、言葉によって沖縄の人々の同意を獲得することができませんでした。米軍基地は、特別措置法という通常の法律では対応できない異例の施策を乱発しないと確保できないものであり、それがもっぱら沖縄を対象としているのですから、その差別性は明確です。その差別性を覆い隠すためにさまざまな財政措置が講じられています。次章以下でその特異性について明らかにすることとします。

注

1　来間泰男（1998）、同（2012）などを参照。
2　ハーグ陸戦法規とは、1899年にオランダのハーグで開かれた第1回バンコク平和会議において採択された「陸戦ノ法規慣例ニ関スル条約」(Convention respecting the Law and Customs of War on Land) 及び同附属書「陸戦ノ法規慣例ニ関スル規則」を意味します。日本は1911年に批准しています。
3　伊江村での接収については、阿波根昌鴻（1973）を参照してください。
4　以上の経緯は、「北部訓練場の強制接収」『琉球新報』2016年12月3日付によります。このとき接収の対象となった辺野古の住民は、条件付きで「契約」に応じました。これは、第2次接収での米軍の対応を垣間見て、抵抗をしても結局は奪われるのであるなら、少しでもよい条件で応じた方がよいという判断によるとのことです。その経緯については、NHK取材班（2011）を参照してください。
5　その経過は、NHK取材班（2011）を参照。
6　詳細な経緯は、防衛施設庁史編さん委員会（2007）、109-115頁、を参照してください。
7　「権原」とは、ある行為を正当化する法律上の原因をいいます（防衛省［2017］、304頁）。
8　新崎盛暉（1995）を参照。
9　正式名称は、「日本国とアメリカ合衆国との間の相互協力及び安全保障条約第六条に基づく施設及び区域並びに日本国における合衆国軍隊の地位に関する協定の実施に伴う土地等の使用等に関する特別措置法」です。
10　代理署名拒否に関する沖縄県の考え方については、大田昌秀（1996）、沖縄県（1996）、などを参照してください。
11　これについては、「特措法で基地使用58ヘクタール」『沖縄タイムス』2017年6月5日付。
12　沖縄に関する諸施策の集権性については、島袋純（2014）を参照してください。
13　前章で紹介した2016年12月の北部訓練場の一部返還以前は、沖縄の陸地面積に占める割合は10.1％、北部地域に占める割合は19.6％でした。
14　既存の訓練空域に加えて、「アルトラブALTRV」と呼ばれる米軍が必要に応じて使う臨時訓練空域があります。「臨時」といいながら実際は常時提供状態

となっており、その結果、米軍が訓練に使う空域面積は、既存空域の合計と比べて6割程度広がっています。以上は、「米軍訓練空域大幅拡大」『琉球新報』2018年3月26日付、によります。

15　この点は、佐藤学沖縄国際大学教授の示唆によるものです。

16　北部地域に国有地が多いのは、明治政府による「琉球処分」に際して「琉球国が管理していた多くの森林や杣山を、まったく同意なしに一方的に日本の国有地として所有権が設定されていった」（島袋純［2017］、111頁）ことによります。

17　復帰時に基地をどう扱うかについて、返還協定の了解覚書として1971年5月17日に公表されたリストでは、A表（復帰後も引き続き米軍に提供）、B表（A表のうち復帰後に日本に返還）、C表（復帰前または復帰の時点で返還）に区分されていました。このうちB表のほどんどが自衛隊に引き継がれました。この点については「『屋良朝苗日記』に見る復帰（21）」『琉球新報』2012年7月27日付、によります。

18　SACO合意にしたがって県内への移転が実現した一例が、嘉手納基地の海軍駐機場の移転でした。当該地は、嘉手納町屋良の住宅地に近く、昼夜を問わないエンジン調整の騒音や排気ガスの悪臭などで周辺住民を苦しめてきました。SACO合意から20年が過ぎた2017年1月に、嘉手納基地内の沖縄市側への移転が実現しました。ところが、米軍は移転から20日もたたないうちに旧駐機場を再使用しています。新しい駐機場の建設には日本側が157億円負担しています。これでは、157億円を投じて駐機場の拡張に手を貸したことになります。以上は「駐機場再使用　町民怒り」『沖縄タイムス』2018年4月15日付、によります。

19　1995年の海兵隊員による少女への犯罪行為事件が発生した当時に駐日米大使を務め、翌96年に普天間飛行場返還の日米合意を発表したウォルター・モンデール氏（元副大統領）が、事件から20年の節目を迎えたことを機に、琉球新報のインタビューに応じました。モンデール氏は、普天間飛行場撤去の条件としての新基地建設地について、「われわれは沖縄とは言っていない」と述べた上で、「基地をどこに配置するのかを決めるのは日本政府でなければならない」との考えを示し、新基地建設地については日本側による決定であることを強調しました。さらに、日本政府が新たな場所を提案すれば「私たちの政府は、それを受け入れる」とまで述べています（「普天間移設先沖縄と言っていない」『琉球新

報』2015年11月9日付)。このインタビューは、日本政府がいう「辺野古が唯一」の欺瞞性を改めて示しています。
20　辺野古新基地建設をめぐる訴訟については、本多滝夫(2016)、紙野健二・本多滝夫編(2016)、阿波連正一(2017)を参照してください。
21　木村草太(2017)、70頁。木村氏は、こうした政府の法的認識の諸問題を指摘し、辺野古新基地建設については、「辺野古基地設置法」が必要であり、それは憲法第95条にもとづく住民投票の対象となると主張されています。
22　阿部浩己(2015)では、琉球処分について「国際法上の正当化根拠を欠く行為であった」(263頁)と評価しています。

第3章　基地の財政「効果」

はじめに

　米軍基地が存在することによって、どんなに多くの米軍人・軍属・家族が集まって生活し、所得を得ようとも、当該地域自治体への直接の財政収入はまったくと言ってよいほど生じません。なぜなら、すでに述べたように、日米地位協定によって、米軍関係者は、ほとんどの公租公課を免除されているからです。この点は、同じく基地とはいっても自衛隊基地の場合と決定的に異なります。

　こうした財政収入の欠如を補塡するべく、また基地の存在による自治体財政や地域経済への負の影響を緩和するべく、日本政府はさまざまな財政措置を講じてきました。本章では、こうした基地維持のための財政政策の構造的特徴を、基地と並ぶ迷惑施設である原子力発電所立地自治体のそれと比較して明らかにします。

　いずれの場合も、一般財源、特定財源ともに多大な財政収入を関係自治体にもたらします。しかし、その収入の源は異なります。原子力発電所の場合は、それを設置・運営する電力会社に対して課税権を行使して得た収入が中心です。これに対し、経済活動をおこなう主体ではない基地の存在によってもたらされる財政収入は、何らかの政治的目的をもった財政措置によってもたらされるものです。したがって、基地が存在することによって多額の財政収入が自治体にもたらされる

としても、それは決して財政効果ではありません。本章のタイトルで「効果」としているのは、本来の財政効果である課税権を行使して得た収入ではないということを意味します。

1　伝統的な基地維持財政政策

1）一般財源

　まず、基地が存在する自治体にもたらされる財政収入のうち、自衛隊基地も含むすべての基地所在自治体を対象として長年おこなわれてきた主な施策を取りあげます。

　先に述べたように、米軍関係者がほとんどの公租公課を免除されているのは、日米地位協定第13条によります。それを受けた「地位協定の実施に伴う所得税法等の臨時特例に関する法律」「地位協定の実施に伴う地方税法の臨時特例に関する法律」によって、米軍及びその関係者は、所得税、住民税、固定資産税などを免除されています。これは地方自治体の立場からすると、基地の存在によって日常的にさまざまな被害を被っている上に、公共サービスを提供しているにもかかわらず、課税権を行使できないことを意味します。

　そこでこうした財政的損失を補塡するべく、以下のような措置が講じられてきました。

　第1は、1957年に制定された「国有提供施設等所在市町村助成交付金に関する法」にもとづいて支給される交付金です（以下、助成交付金）。かつて、この交付金に類似の制度として、官営製鉄所助成金（1919年から33年）、市町村助成金（海軍助成金）（1923年から45年）、軍関係市町村財政特別補給金（1945年）がありました。[*1] 旧日本軍の解体に伴い、こうした制度はすべて廃止されましたが、代わって駐留することとなったアメリカ軍が所在する自治体において、何らかの財政

的損失を補填する措置を求める声が高まりました。さらに1956年に施行された「国有資産等所在市町村交付金及び納付金に関する法律」*2において基地等が対象外とされたことへの批判、及び内灘村、砂川などでの基地反対運動の高揚を背景として、この助成交付金が創設されました。

　助成交付金は、国有財産のうち①国が米軍に使用させている土地、建物及び工作物、②自衛隊が使用する飛行場、演習場、弾薬庫、燃料庫及び通信施設の用に供する土地、建物及び工作物、が所在する市町村が交付対象となります（2016年度は299市町村）。配分の方法は、助成交付金予算総額の10分の7に相当する額は対象資産の価格で按分して各自治体に配分し、残り10分の3は対象資産の種類、用途、自治体の財政状況等を勘案して配分されることとなっています。*3

　第2は、「施設等所在市町村調整交付金要綱」（1970年自治省告示224号）にもとづいて支給される交付金です（以下、調整交付金）。これは、沖縄返還が迫った1970年に「沖縄県の米軍基地の多くは民有地であるから、政府が沖縄米軍基地対策として基地交付金制度（助成交付金−筆者）を有効に使うことができない」*4ことなどを背景として創設されたものです。

　助成交付金が法律補助であるのに対し、調整交付金は上記の自治省告示にもとづく予算補助です。助成交付金の対象とならない米軍資産（建物及び工作物）が所在する市町村が交付対象です（2016年度は57市町村）。配分の方法は、調整交付金予算総額の3分の2に相当する額は米軍資産の価格で按分して各自治体に配分し、残り3分の1は市町村民税の非課税措置等により自治体が受ける税財政上の影響を勘案して配分されることとなっています。調整交付金は、米軍基地所在自治体のみが対象となること、そしてすでに述べたように沖縄復帰直前の1970年から実施されていることからして、沖縄対策としての性格が強

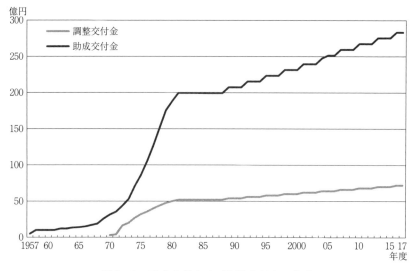

図 3-1　助成交付金及び調整交付金の推移
出所：地方税務研究会編（2017）より作成。

いといわれています[*5]。実際 2016 年度予算額でみると、助成交付金の総額は 283 億 4000 万円で、そのうち沖縄県内自治体への交付分は 25 億 8098 万円、総額の 9.1％ でしかないのに対し、調整交付金の場合は、総額 72 億円のうち、沖縄には 45 億 5979 万円と、3 分の 2 近くが交付されています[*6]。

　以上の 2 つの交付金は「基地交付金」と総称され、固定資産税の代替的なものとして交付され、かつ一般財源です。自治体への配分額はほぼ同じ仕組みで決まります。すなわち、まず総額が決まり、それを対象となる国有財産や米軍資産の価格で按分して交付額が決まります。その総額ですが「予算で定める金額」とされているだけで、明確なルールがありません。図 3-1 は、2 つの交付金の総額の推移を示しています。助成交付金は初年度の 1957 年度は 5 億円、翌 58 年度は 2 倍の 10 億円に増え、以降一度も減額とならず 2017 年度は 283 億 4000 万円

です。調整交付金は、初年度の1970年度は3億円でした。沖縄が再び日本の領土となった72年度には16億4000万円に増加しました。そして以降、一度も減額とならず2017年度は72億円です。1980年代に据え置きが続いたのは「行政改革」の影響と思われます。1989年度以降は、3年おきに、固定資産税の評価替え年度の翌年度に助成交付金は8億円、調整交付金は2億円、計10億円ずつ増額されています。3年おきに見直すのは、固定資産税の代替的な性格ゆえのことと思われます。

ところで固定資産税税収の近年の動向をみますと、土地分については1999年度の3兆8000億円をピークに減少傾向にあり、2016年度は3兆3900億円とピーク時に比べて10％以上も減少しています。また家屋分についても、おおむね3兆6000億円から3兆8000億円の間を推移しています。つまり固定資産税は横ばいもしくは減少傾向にあるのに、その代替的性格が基本であるこの交付金の総額は着実に増えているのです。

なお、合わせて300億円を超えるこの交付金は総務省の管轄ですので、前章で紹介した防衛省の管轄である基地維持のための財政措置には含まれていないことも申し添えておきます。

基地交付金と並ぶ重要な一般財源が軍用地料です。繰り返し述べましたように、日米安保条約にもとづいて、日本政府は米国に基地を提供する義務を負っており、対象地が非国有地の場合、日本政府が土地所有者と賃貸借契約を締結して使用権原を取得し、米軍に提供しています。当該土地が自治体所有地の場合、軍用地料は自治体財政に財産運用収入として計上され、民有地の場合は地権者の地代収入となります。これが沖縄県内の自治体財政にとって大きな意味を有するのは、前章で明らかにしましたように、県内所在米軍基地を所有形態でみると、市町村有地が大きな比重を占めているからです。このため、後に

述べるように、大量の公有地を基地に提供させられている自治体の歳入には、毎年莫大な軍用地料収入が計上されます。

　そしてこの軍用地料も、基地交付金と同じく減額されたことがないのです。沖縄についてみますと、1972年度は5月15日からですが123億円でした。前年の軍用地料は、アメリカの会計年度である1971年7月1日から72年5月14日までの321日間で31億円でしたから、72年5月15日から73年3月31日までの321日間のそれは4倍にも引き上げられたことになります。これに見舞金や協力金などが上乗せされたため、実質的には6倍を超えました。以降、毎年増え続けて2015年度は、米軍基地のそれが848億円、自衛隊基地のそれが129億円、計977億円にのぼります。軍用地料というのは、経済的にいうと言うまでもなく「地代」です。毎年地価が上がりつづけた「土地神話」の時代ならともかく、バブル経済崩壊以降今日までの四半世紀、地価は減少または横ばいが続いています。にもかかわらず、軍用地料は一度も減額となったことがありません。いささか旧聞に属しますが、2009年2月25日に放送されたNHK「クローズアップ現代」では、軍用地料の決定過程が明らかにされています。それによりますと、どこか一カ所でも地価が上昇しているところをみつけて、それに準じてすべての用地の軍用地料を引き上げているとのことです。

　軍用地料に関して、不可解な事例を一つ紹介しておきます。名護市と同市に隣接する宜野座村の軍用地料の推移を調査した毎日新聞によると、名護市の軍用地料が市長の政治的姿勢によって差がつけられているというのです。[*7] 両自治体は、キャンプ・シュワブやキャンプ・ハンセン内などに、1500m^2前後とほぼ同面積の土地を所有しています。1972年度の軍用地料は、名護市1億1800万円、宜野座村は1億4300万円と、宜野座村が2500万円多かったのです。その後、村長が一貫して保守系であった宜野座村に対し、1986年まで革新系の市長であっ

た名護市の伸び率は低く抑えられ、83年度には宜野座村8億300万円、名護市4億9900万円とその差は3億円以上となりました。ところが名護市長が保守系となった86年から、その差は縮小していき、名護市長が普天間飛行場返還の前提としての辺野古への新基地建設を条件付きで容認した1999年度には、宜野座村15億3600万円に対し、名護市15億3900万円と逆転し、その後は名護市が宜野座村を1億円超上回った状態で安定したというのです。

　経済状況にかかわらず上がり続けていること、さらに名護市と宜野湾市の比較にみられるような恣意的というほかない実情をみるについて、公正・公平が求められる民主主義社会における財政運営の原則を大きく逸脱していると言わざるを得ません。

2）　特定財源

　以上の2種類の一般財源に加えて、特定財源として「防衛施設周辺の生活環境の整備等に関する法律」（以下、環境整備法）にもとづく財政措置が講じられています。

　1953年に制定された「日本国に駐留するアメリカ合衆国軍隊等の行為による特別損失の補償に関する法律」は、アメリカ軍の行為によって損失や損害が発生した後の補償制度でした。しかし、補償の対象が農林業、学校教育事業、医療保険事業等の特定の業種を営む者に限られており、基地周辺住民の被害を未然に防止する施策ではありませんでした。そこで、行政措置により防音工事、住宅移転の補償などをおこなってきました。1966年に環境整備法の前身である「防衛施設周辺の整備等に関する法律」（以下、周辺整備法）が制定され、行政措置によっておこなってきたさまざまな措置が法制化されました。そして1974年に周辺整備法が改正され、現行の環境整備法となりました。

　図3－2は、この環境整備法にもとづく財政措置の全体構成を示したものです。それは、大きく2つに分類できます。一つは、基地が存在

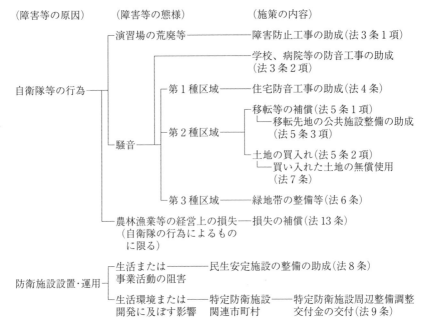

図3-2 「防衛施設周辺の生活環境の整備等に関する法律」にもとづく施策の概要
注：駐留軍の行為による農林漁業等の経営上の損失については「日本国に駐留するアメリカ合衆
　　国軍隊等の行為による特別損失の補償に関する法律」により損失の補償をおこなっている。
出所：防衛施設庁史編さん委員会（2007）、防衛省（2017）より作成。

することによる騒音など生活環境の悪化を防止ないしは軽減するための財政措置です。それは、米軍等の行為による道路の損傷、河川の洪水や土砂流出の被害、電波障害などの被害を防止・軽減するための工事費の全部または一部を補助する「障害防止工事の助成」（3条1項）、学校など公共施設の防音工事費用の全部または一部を補助する「学校等騒音防止工事の助成」（3条2項）、第一種区域（WECPNL値75以上[*8]）に所在する住宅の防音工事費を助成する「住宅防音工事の助成」（4条）、第一種区域のうち、特に人が居住するには好ましくないとして防衛大臣が指定する区域（第二種区域、WECPNL値90以上）への

指定の際、現に所在する建物、立木竹等について、その所有者が第二種区域以外のところへ移転または除去する場合に、その者に補償する「移転補償等」（5条）などです。これらは、基地の存在を前提とする以上は、必要な財政措置といえましょう。また、自治体だけではなく個人や法人も対象となります。

　自治体財政への影響という点で、より大きな意味を有するのが、もう一つの基地所在自治体の公共施設整備のための特別な補助金・交付金です。それは2種類あり、一つが第8条の「民生安定施設の助成」（以下、民生補助金）です。これは、自治体が表3-1に示したような道路、児童養護施設、養護老人ホーム、消防施設などの生活環境施設、または農林漁業用施設、港湾施設用地など事業経営の安定に寄与する施設を整備する場合、他の自治体より高い補助率を適用するものです。沖縄の補助率は、附則によって「全部または一部」とされています。実際、表3-1に明らかなように一部の施設の補助率はさらに嵩上げされ、なかでも沖縄県が行う道路、漁業用施設の一部、港湾施設用地は「全部」つまり10割補助が認められています。

　もう一つが、1974年改正の際に新設された第9条「特定防衛施設周辺整備調整交付金」（以下、特防交付金）です。このとき新たな施策が必要となった背景には、第2章で述べましたように、当時の日本政府が「関東計画」を実行することを最重要課題としていたことがあります。環境整備法の作成に携わった元防衛事務次官の守屋武昌氏は、関東計画の効果として「首都圏から多くの基地が返還され、首都圏では米軍基地問題が社会問題化することはなくなった」ことをあげています。[*9]

　特防交付金は、この関東計画によって負担が増える東京都福生市など横田基地周辺自治体の要望に応えて創設された特別な財政措置です。ここで注目すべきは、守屋氏が述べたように「基地問題が社会問題化することがなくなった」、つまり基地の立地を全国民的な課題とせず、

表3-1 民生安定施設の範囲及び補助率

補助に係る施設	補助率(沖縄)	補助率(沖縄以外)
有線電気通信設備を用いて行われる放送法第64条第1項ただし書に規定するラジオ放送の業務を行うための施設	10分の8	10分の8
道路(農業用施設及び林業用施設であるものを除く)	10分の10	10分の8
児童福祉法第41条に規定する児童養護施設	10分の7.5	10分の7.5
保健師助産師看護師法第21条第2号に規定する看護師養成所又は同法第22条第2号に規定する准看護師養成所	10分の7.5	10分の7.5
電波法第2条第4号に規定する無線設備及びこれを設置するために必要な施設	10分の7.5	10分の7.5
老人福祉法第20条の4に規定する養護老人ホーム又は同法第20条の6に規定する軽費老人ホーム	10分の7.5	10分の7.5
消防施設強化促進法第3条に規定する消防施設	3分の2	3分の2
公園、緑地その他の公共空地	3分の2	3分の2
水道法第3条第1項に規定する水道	3分の2	10分の6
し尿処理施設又はごみ処理施設	3分の2	10分の5
老人福祉法第20条の7に規定する老人福祉センター	防衛大臣が定める額	防衛大臣が定める額
一般住民の学習、保育、休養又は集会の用に供するための施設(学校[幼保連携型認定こども園を除く]の施設を除く)	防衛大臣が定める額	防衛大臣が定める額
港湾法第2条第5項第11号に規定する港湾施設用地	10分の10	10分の7.5
農業用施設、林業用施設又は漁業用施設	10分の8又は10	3分の2
その他防衛大臣が指定する施設	10分の7.5	10分の7.5

注:沖縄特例の対象となる道路、漁業用施設、林業用施設は条件がついている。
出所:「防衛施設周辺の生活環境の整備等に関する法律施行令」より作成。

特定地域の問題に矮小化する一方で、負担が集中する自治体への特別な財政措置として創設されたのがこの交付金であるという点です。

従来、基地が所在する自治体への公共施設整備のための特別な財政措置は、先に述べた特定の公共施設整備費の補助率を上乗せする民生補助金だけでした。特防交付金は、基地負担が増える自治体にとってより'魅力'ある施策とするべく、次のような仕組みが採用されています。

第1は、対象となる防衛施設及び周辺市町村を防衛大臣（2007年1月8日までは内閣総理大臣）が選別し指定することです。1975年3月に、53の特定防衛施設、94の特定防衛施設関連市町村が指定されました。

　第2は、その配分方法です。まず交付金の予算額の70％から100％の範囲内で防衛大臣が定める割合を乗じて得た額を普通交付額とします。指定を受けた市町村は、特定防衛施設の面積、その面積が当該市町村の面積に占める割合、関連市町村の人口、飛行機運用の態様などにもとづいて点数づけされます。その点数にもとづいて、総予算額を按分比例して各市町村への交付限度額が決まります。いわば'迷惑度'に応じて交付額が決まると言ってよいのです。ちなみに、総予算額は初年度5億円、翌1975年度は30億円に増え、以来今日まで減額されたことはなく、2017年度は205億円です。総額が一度も減ったことがなく、それを関係自治体でいわば'山分け'するという仕組みは、先に述べた基地交付金と同じです。

　第3は、対象となる事業について、民生補助金のように具体的施設を明記せずに交通施設及び通信施設、スポーツ及びレクリエーション施設など8分野を明記しているだけという点です（環境整備法施行令第14条）。自治体は8分野から整備したい施設を選択して申請しますが、その際に総事業費のうちどれだけをこの交付金で充当できるかについて制限がありません。したがって交付限度額内であれば事業費全額をこの交付金でまかなってもよいのです。さらに2011年度からは医療費の助成などソフト事業にも交付可能となっています。

　特防交付金や民生補助金の問題として強調しておきたいのが、財政優遇措置の対象となる公共施設は、基地の存在ゆえに余儀なくされるものではなく、基地の有無にかかわらずどこの自治体でも必要な施設であり、通常は他の省庁が所管する補助金等を獲得して整備されると

いう点です。にもかかわらず、防衛省（当時は防衛施設庁）の予算によって基地が所在する自治体だけを優遇する根拠をめぐり、国会の審議でも問題になりました。政府は、民生補助金については「間接的に、具体的にその原因に直ちにはつながらないにしましても、その周辺の苦しみを若干でもやわらげたい[*10]」と、特防交付金については「現在の周辺整備の諸施策の中で欠けている問題は……基地が存在するということによっても、大きな不満、不平というものが残っているであろうということ[*11]」（傍点は筆者）などと説明しました。つまり、政府自身も「具体的にその原因に直ちにはつながらない」と言わざるを得ないほど因果関係を明確に説明できないのです。また、それによって施設整備がすすんだとしても、日本の主権が及ばない米軍基地の運用が変わらないのですから、「苦しみ」や「不平、不満」が緩和されることは決してありません。

　このように根拠が不明朗で効果も見込めないような予算要求は、通常なら財政当局にはまず認められないはずです。にもかかわらず「基地問題が社会問題化すること」がないようにするために認められた特別な財政措置であるということ、この点こそ民生補助金や特防交付金の基本的性格であることを改めて強調しておきます。

2　原子力発電所立地自治体と比べた「優遇」ぶり

　以上の4種類に、米軍から返還された旧施設及び区域内の道路で、現状に回復することが不適当と認められるものを公道とするために市町村が当該道路敷地を買い入れるのに要する経費を補助する「返還道路整備事業費補助金」などを加えて、一般に基地関係収入といわれています。

　2016年度において、沖縄県内41市町村のうち、米軍基地及び自衛隊

基地が所在する市町村は9、米軍基地のみが所在する市町村は12、自衛隊基地のみが所在する市町村は5で、計26市町村に基地が所在しています。表3-2は、同年度において基地関係収入の絶対額もしくは歳入総額比が相対的に大きい自治体の基地関係収入の状況を示しています。絶対額でみますと、30億円を超えているのが沖縄市、20億円を超えているのが名護市、恩納村、宜野座村、金武町、嘉手納町です。

　歳入総額に占める基地関係収入の割合が高い自治体をみると、宜野座村35.2％、恩納村30.1％、金武町27.5％と、財政力が弱い本島北部の町村に集中しています。

　基地交付金をみると、沖縄市が13億6000万円と最も多く、次いで嘉手納町10億円余、北谷町7億9000万円と、嘉手納飛行場が所在する本島中部地域の自治体に多く計上されていることがわかります。他方、軍用地料である財産運用収入をみると、名護市と金武町が20億円余、宜野座村が20億円弱、恩納村17億7000万円と北部4市町村に多く計上されています。以上は、仲地博氏が指摘するように「広大な演習場が中心である北部基地と飛行場、弾薬庫等が中心である中部基地の性格に由来[*12]」するといえます。

　この2つの一般財源に加えて、環境整備法にもとづく騒音防止などのための財政措置及び施設整備のための補助金・交付金があります。一般財源・特定財源ともに豊富な財政収入がもたらされるのは、原子力発電所所在自治体と共通するところです。さて表3-3は、表3-2で基地関係収入の比重が最も高い35.2％を示した宜野座村（2015年国勢調査人口5597人）と、柏崎刈羽原子力発電所が立地している新潟県刈羽村（同4775人）の2016年度の主な歳入項目を比較したものです[*13]。これをみると、迷惑施設受け入れの「代償」として過分な財政収入を得ているのは同じですが、その内訳について次のような違いを読みとることができます。

表3-2 主な自治体の基地

	環境整備法		基地交付金		財産運
	金　額	歳入総額比	金　額	歳入総額比	金　額
那　覇　市	70,600	0.0%	289,868	0.2%	105,460
うるま市	464,337	0.8%	592,597	1.0%	343,189
宜野湾市	720,015	1.8%	611,152	1.5%	262,755
浦　添　市	307,068	0.6%	477,377	0.9%	0
名　護　市	523,717	1.3%	290,080	0.7%	2,070,824
沖　縄　市	1,052,223	1.5%	1,360,864	2.0%	1,186,065
恩　納　村	891,683	9.8%	61,459	0.7%	1,771,394
宜野座村	200,157	2.5%	112,965	1.4%	1,967,083
金　武　町	150,500	1.5%	513,866	5.1%	2,011,711
伊　江　村	486,142	8.5%	75,915	1.3%	0
読　谷　村	500,441	3.0%	331,007	2.0%	612,432
嘉手納町	586,984	6.1%	1,002,902	10.5%	483,299
北　谷　町	639,000	3.6%	793,512	4.4%	292,325

出所：沖縄県知事公室基地対策課（2018）42-43頁より作成。

表3-3 宜野座村・刈羽村の主な歳入（2016年度）
（単位：百万円）

	宜野座村		刈羽村	
	決算額	構成比	決算額	構成比
地　方　税	576	7.2%	2,431	37.2%
地方譲与税	31	0.4%	31	0.5%
普通交付税	1,294	16.3%	0	0.0%
国庫支出金	1,213	15.2%	1,222	18.7%
財　産　収　入	1,995	25.1%	20	0.3%
地　方　債	248	3.1%	3	0.0%
そ　の　他	2,599	32.7%	2,829	43.3%
合　　計	7,956	100.0%	6,536	100.0%

出所：宜野座村、刈羽村決算カードより作成。

第1に、地方税の占める割合が、刈羽村は37.2%と3分の1以上を占めているのに対し、宜野座村は7.2%にすぎません。これは、原子力発電所にかかわる最大の収入源が固定資産税の償却資産分であるの

関係収入（2016 年度）
(単位：千円)

用収入		その他		合　計		歳入総額
歳入総額比	金　額	歳入総額比	金　額	歳入総額比		
0.1%		52,738	0.0%	518,666	0.3%	150,197,516
0.6%		128,871	0.2%	1,528,994	2.6%	57,709,730
0.7%		387,972	1.0%	1,981,894	5.0%	39,854,563
0.0%		297,733	0.5%	1,082,178	2.0%	55,090,829
5.2%		400	0.0%	2,885,021	7.3%	39,608,192
1.7%		317,142	0.5%	3,916,294	5.8%	67,949,024
19.5%		13,238	0.1%	2,737,774	30.1%	9,090,877
24.7%		518,779	6.5%	2,798,984	35.2%	7,955,690
19.8%		123,387	1.2%	2,799,464	27.5%	10,170,885
0.0%		5,827	0.1%	567,884	9.9%	5,724,554
3.6%		41,926	0.2%	1,485,806	8.8%	16,939,401
5.1%		24,223	0.3%	2,097,408	21.9%	9,563,791
1.6%		23,890	0.1%	1,748,727	9.8%	17,877,529

に対し、軍用地料は財産収入に、基地交付金は国庫支出金に計上されているからです。もっとも、宜野座村の場合、地方税に加えて財産収入と基地交付金を加えた一般財源の比重は、刈羽村とさほど変わりません。ただし、同じく一般財源とはいっても、大きな違いがあります。すなわち、固定資産税償却資産分は、減価償却により着実に減少していきます[*14]。他方、基地交付金も軍用地料も、すでに述べたように年々着実に増加してきました。基地交付金が減額されるとしたら交付額算定の対象となる自衛隊や米軍の資産などがなくなる場合です。軍用地料は、基地が一部もしくは全面返還されたりしなければ、政府の政策が変わらない限り減りません。

　第2に、両村の収入構成のもう一つ大きな違いは、普通交付税です。地方税収入が多くを占める刈羽村は、2016年度財政力指数が1.26の「富裕団体」で、普通交付税の不交付団体です。他方、宜野座村は財産収入だけで歳入総額の4分の1を占めていますが、歳入総額の16.3%

第3章　基地の財政「効果」

を占める普通交付税収入を得ています。これは基地交付金、軍用地料ともに一般財源でありながら、普通交付税の基準財政収入額算定の対象外となっていることによるものです。基地交付金に類する財源補塡的性格を有する交付金としては、ほかに「国有資産等所在市町村交付金」があります。これは、国等が所有する固定資産のうち、国等以外の者が使用する固定資産（貸付資産）、空港の用に供する固定資産、国有林野など収益的な事業の資産については、国に固定資産税相当の交付金を負担させているものです。しかしこの交付金は税類似のものとして、基準財政収入額算定の対象となりますが、基地交付金は算定の対象外とされているのです。[15]

　一般財源の構成の相違とは対照的に、国庫支出金の比重は両村とも似通っています。環境整備法9条にもとづく特防交付金に相当するのが原子力発電所所在自治体を対象とする電源開発促進税法など電源三法にもとづくさまざまな交付金です。[16]経済産業省資源エネルギー庁が2016年に示したモデルケースである出力135万kWの原子力発電所が新設された場合、電源立地地域対策交付金が総額で約1340億円交付されます。その内訳は、立地可能性調査の翌年から運転開始の翌年まで交付される「電源立地等初期対策交付金相当部分」約56億円、着工時から運転開始後5年まで交付される「電源立地促進対策交付金相当部分」約170億円、運転開始の翌年から運転終了まで交付される（廃炉後も発電所内の貯蔵施設に使用済燃料が貯蔵されている場合は、その貯蔵量に応じて交付）原子力発電施設等周辺地域交付金相当部分が約657億円などです。[17]

　このように先に交付限度額が決まり、その限度額の範囲内で自治体が広範な分野を対象として施設整備をおこなうという方式は、特防交付金と酷似しているといえます。実は、電源三法は、1974年の通常国会で、環境整備法とほぼ同時並行で審議されて成立していることから

して、この酷似ぶりは決して偶然ではないと思います。電源三法のうち「発電用施設周辺地域整備法案」だけは、前年の1973年に国会に提出されていました。それに盛り込まれていた財政措置は、環境整備法8条「民生安定施設の助成」と同じく、特定の施設の整備について補助率を上乗せするという内容でした。これでは、原子力発電所の立地を求められている自治体にとって'魅力'が乏しいからでしょうか、成立には至らず翌年に電源三法として再提案され成立しました。

　このように、いわば'一卵性双生児'といえる二つの交付金ですが、次のような違いがあります。電源立地促進対策交付金は、当初は原発の運転開始とともに打ち切られていました。これはその本来の趣旨が、原子力発電所の新規立地の獲得であったことによります。もっとも、1980年の電源開発特別会計法の改正による電源多様化勘定の創設以降のたびたびの改正によって、今では、先に述べたように運転終了まで支給されるさまざまな交付金が設けられています。それでも、運転開始以前と以後とを比べた交付金額には大きな差があります。また、その財源は販売電気に課される電源開発促進税です[*18]。他方、特防交付金については、こうした支給期限はなく、基地が存在する限りなくなることはありません。そしてすでに述べましたように、これまで総額が減額されたことはありません。

　このように、基地所在自治体が得られる一般財源は、これまでの実績を見る限りでは総額では減少していないこと、そしてどんなに増えても税収ではないので財政力の向上にはつながらないので普通交付税も減額されないこと、そして特防交付金の総額も減額されたことがないこと、これらの諸点からして基地所在自治体は、原子力発電所所在自治体と比べても、財政措置について「優遇」されているようにみえます。しかしこうした相違は、冒頭に述べたように、基地が経済活動の拠点ではない政治施設であることによるといえます。したがって、ど

んなに「優遇」されていても、自治体にはまったく裁量がないことも改めて強調しておきたいと思います。

3 軍用地料が地域社会に及ぼす影響

　先に軍用地料が毎年着実に増えていることを指摘しましたが、そのことが地域社会に及ぼす影響を2つ指摘しておきたいと思います。

　第2章で述べましたように、本島中部地域の米軍基地を所有形態別にみますと、民有地が多くを占めています。個人の地権者にとって、軍用地料は地代所得となります。そのことに関して第1に指摘しておきたいことは、その絶対額の大きさです。先に述べたように、復帰に際し日本政府が、非国有地の地権者との「契約」を獲得するべく軍用地料を大幅に引き上げました。その主たる方法は、嘉手納以南の軍用地をすべて「宅地」または「宅地見込み」として農地や山林原野も宅地並みの評価とすることでした。

　表3-4は、沖縄防衛局の資料による2011年度における軍用地料の支払額別所有者数の内訳をみたものです。総4万3025人のうち2万3339人が100万円未満ですが、500万円を超える地権者も3000人以上に達します。ちなみに、沖縄県の1人当り県民所得は、1992年以降おおむね200万円を少し超える水準で推移しています。この表によると、軍用地料だけでその200万円をこえる収入を得ている地権者が1万人も存在するのです。

　なお軍用地は、地料に「倍率」といわれる係数をかけた価額で売買されており、沖縄の新聞では毎日のように地料もしくは価額を示した広告が掲載されています。図3-3は、2018年3月2日の『琉球新報』に掲載されたものです。この広告のキャンプ・ハンセンにある軍用地は、45倍の係数が示されています。それに年間地料79万円を乗じた約

3500万円がこの軍用地の売買価格として提示されています。これはこの軍用地を購入すれば、年間2％を超える利回りを得ることができることを意味します。いつ返還されるかわからないという'リスク'はありますが、国が支払う地代が確実に得られかつ減らないのですから、超低金利の時代において格好の投資対象といえるでしょう。ともあれ、このようにして価格がつけられ売買されるのですから、軍用地は誰でも購入できます。したがって、表3-4の所有者は必ずしも沖縄県内在住者ばかりではありません。

表3-4 2011年度沖縄県内軍用地料の支払額別所有者数（自衛隊分も含む）

金　額	割　合	所有者数
100万円未満	54.2%	23,339
100万円以上～200万円未満	20.8%	8,969
200万円以上～300万円未満	9.1%	3,928
300万円以上～400万円未満	4.8%	2,069
400万円以上～500万円未満	3.1%	1,342
500万円以上	7.9%	3,378
合　計	100.0%	43,025

出所：沖縄県知事公室基地対策課『沖縄の米軍基地』（2013年）、137頁

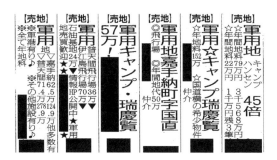

図3-3　軍用地売買の広告

注：黒塗りの箇所には会社名と電話番号が記載されている。
出所：『琉球新報』2018年3月2日付。

　表3-5は、本島中南部に存在するいくつかの基地について、地主1人当り平均の軍用地料を試算したものです。普天間飛行場の場合をみると、その1972年度の賃料は9億1900万円でしたが、2016年度のそれは74億4800万円と、8倍に増加しています。普天間飛行場は、面積480.6haで、うち国有地が35.9ha、県有地9.3ha、市有地10.9ha、民有

地424.6haです。軍用地料のうち民間地主の収入になる分を面積で按分すると、71億976万円となります。それを2016年3月末現在の地権者数3722人で割りますと、1人当り平均の軍用地料収入は約191万円となります。この表によりますと、1人当り水準が最も高額となっているのが、那覇空港を共同使用している航空自衛隊那覇基地で、同様の方法で試算すると約252万円にもなります。

表3-5 地主1人当たりの軍用地料

基地名	面積 (千m²)	うち県市 町村有地	うち民有地	地主数 (人)	年間賃借料 (百万円)
嘉手納飛行場	19,855	376	17,933	12,125	28,839
キャンプ瑞慶覧	5,450	65	4,966	4,817	8,332
普天間飛行場	4,806	202	4,246	3,722	7,448
牧港補給地区	2,727	54	2,377	2,707	5,151
航空自衛隊那覇基地	2,117	0	1,682	2,804	7,072

注：賃借料は2016年度の実績。
出所：沖縄県知事公室基地対策課（2018）14-15頁、36-37頁より作成。

表3-6 2016年度市有林野貸地料分収計算書

管理区	貸地面積(m²) ①	貸地料(円) ②	地主会費(円) (6.4／1000) ③	分収対象金(円) ④(②-③)
喜 瀬 （373人）	1,784,496	103,222,277	564,720	102,657,557
幸 喜 （297人）	93,321	4,892,383	19,080	4,873,303
許 田 （550人）	2,340,113	318,661,299	1,978,480	316,682,819
数久田 （941人）	2,147,070	287,077,527	1,780,650	285,296,877
世冨慶 （611人）	537,713	71,234,435	434,580	70,799,855
久 志 （597人）	4,382,382	586,919,429	3,648,112	583,271,317
豊 原 （412人）	871,455	111,429,489	689,340	110,740,149
辺野古（1870人）	3,932,468	563,790,105	3,508,320	560,281,785
二 見 （97人）	172,736	7,665,210	24,715	7,640,495
勝 山 （142人）	29,088	3,021,567	16,300	3,005,267
計	16,290,842	2,057,913,721	12,664,297	2,045,249,424

注：人口は2016年3月31日現在。
出所：名護市総務部財産管理課作成資料。

もう一つは、第2章において、北部地域の米軍基地は市町村有地が多くを占めるが、その実態は「字」有地であると指摘したことに関係します。このため、名護市をはじめとする北部地域における財産運用収入の比重が高い自治体では、軍用地料収入の一定割合を「行政区」と呼ばれる「字」に再配分しており、これを「分収制度」といいます。*19
配分の方法は自治体によって異なりますが、名護市では「名護市林野条例」（1974年4月16日、条例第22号）にもとづいて次のように定めています。すなわち、対象となるのは、市が所有する山林及び原野である「市有林野」であり、各行政区を「管理区」とし、対象地の「貸地料」つまり軍用地料は、市が10分の6、管理区が10分の4の割合で分収することとしています。つまり、先の表3-2では2016年度の名護市の軍用地料収入が20億円ほどでしたので、このうちの4割、8億円ほどが分収され、実質的な名護市の収入は12億円ほどとなります。

1人当り軍用地料（万円）
233.0
170.7
191.0
186.1
252.2

管理区分収金（4／10）⑤(④×4／10)
41,063,023
1,949,321
126,673,128
114,118,751
28,319,942
233,308,527
44,296,060
224,112,714
3,056,198
1,202,107
818,099,770

　表3-6は、名護市における対象となる10行政区の2016年度貸地面積と分収金をみたものです。貸地1629haに対する貸地料すなわち軍用地料約20億円から地主会費1266万円を差し引いた金額が分収対象金であり、その4割である8億1809万円が16年度の分収金です。その内訳をみると、人口597人の久志に2億3330万円、1870人の辺野古に2億2411万円、550人の許出（きょだ）に1億2667万円、941人の数久田（すくた）に1億1411万円と、この4行政区だけで7億円近くと、ほどんどを占めていることがわかります。
　少し古いですが、筆者の手元には宜野座村宜野座

行政区の1996年度の決算書があります。96年度歳入決算額1億6873万円のうち分収金が1億5157万円と歳入の大半を占めています。他の収入としては村からの事務委託料（月額18万5900円、年223万800円）が目立つ程度で、住民からの会費収入は計上されていません。

　歳出をみると、区長、会計、書記の3人の専任の職員を雇用しており、それぞれ月額30万8000円、23万5000円、16万5000円の給料のほか期末・勤勉手当が支給されており、3人の人件費は計1200万円ほどです。行政委員や班長には、月額数千円の報酬が支払われており、青年会、老人会、子供育成会など地域の団体への補助金、各種行事への補助金など、さまざまなサービスをおこなっていることがわかります。

　ともあれ、人口に比べて膨大で、かつ毎年増加する財政収入を得て、各区では常勤の職員を雇用し、さまざまな行政サービスをおこなうなど、「ミニ役場」的な機能を担っています。軍用地料は、このようにして地域社会に浸透しているのです。

　このように、いわば町内会のような地域の任意団体に毎年膨大な収入をもたらしていることを逆手にとった不可解な事例を紹介しておきます。それは、名護市のキャンプ・ハンセンの一部返還をめぐって生じた出来事です。当該地は、面積162haで、喜瀬(きせ)・幸喜(こうき)・許田の3行政区にまたがり、2013年度の分収金はそれぞれ、3482万円、2095万円、22万円でした。その返還は復帰間もない1976年の日米安全保障協議委員会で合意されました。しかしそこは傾斜地で利用が困難な「細切れ返還」になることを理由に、3行政区も名護市も継続使用を求め、国も返還の延期を3度受け入れてきました。しかし2013年9月5日に防衛省は、幸喜区分55haを2014年6月30日までに、喜瀬区・許田区・民有については17年6月30日までに返還することを決定し、名護市に通知しました。返還期限の延長を求める名護市の要請に今回は

応えることなく、さしあたり幸喜区分のみが予定通り返還されました。国による有害物質や不発弾の処理など支障除去措置の作業が続く間は従前の軍用地料にもとづく補償金が支払われましたが（沖縄県における駐留軍用地跡地の有効かつ適切な利用の推進に関する特別措置法第11条）、その作業が終了し2016年8月31日に引き渡されたため、補償金の支払いも終了しました。幸喜区は、使い途のない土地の返還によって、喜瀬区・許田区より3年早く年間2000万円の収入を失うことになりました[20]。

　先に基地所在自治体の財政措置が、原子力発電所所在自治体のそれと比べていかに「優遇」されても、自治体など当事者にはまったく裁量権がないことを指摘しましたが、この事例はそのことを如実に示しています。つまり、返還するかどうかは米軍と日本政府の胸先三寸で決まるということです。この事例で不可解なのは、第1に、これまでは3度受け入れてきた返還の延長を、2013年の場合はなぜ認めなかったのかということです。その理由としては、辺野古新基地建設反対を公約して2010年1月に当選した市長の要請であるからということしか考えられません。第2に、幸喜区分のみを先行返還した理由も明確でありません。これに関して対象となった3区に違いがあるとすると、2011年に3区が返還延期の要請をした際、喜瀬・許田区は、普天間飛行場返還の前提条件としての辺野古での新基地建設について辺野古区が容認した場合には支持するという旨を要請文に盛り込んだのに対し、幸喜区は盛り込まなかったことです。

　以上の経緯は、多額の軍用地料を行政区にもたらしていることを逆手にとった日本政府による、新基地建設に対する意見の違いによるとしか考えられない公正さを欠いた恣意的な運用を示しているといえるのではないでしょうか。

おわりに

　本章では、基地交付金、軍用地料、環境整備法にもとづく補助金・交付金など基地が所在する自治体や個人にもたらされる収入の実態をみてきました。それらにおおむね共通するのは、序章で述べた財政運営の基本原則である「量出制入」に反するという点です。例えば、民生補助金・特防交付金が対象とする公共施設整備の必要性と基地の存在がもたらす被害との間には因果関係がありません。したがってどれだけ必要であるか、つまり「量出」を決める基準がありません。また格段の優遇措置をうけて公共施設の整備がすすんでも米軍基地の運用に対する日本政府の裁量が及ばない以上、基地被害が軽減されたりなくなったりはしません。つまり財政効果は見込めません。

　いずれの収入も増額が続いているのは、基地の必要性について言葉で説得できないのでお金で懐柔しようという政治的思惑によるものです。その政治的性格が、名護市の軍用地料の実態にみるように、政府の基地政策に対する意見の相違によって金額が変動したり、返還時期に差を設けるという恣意的な運用に結びついています。こうした恣意性は、次章で述べる新基地押しつけ政策においては、より悪質化の度合いが高まることになります。

注
1　地方財務協会編（2008）、より。
2　旧三公社の経営形態の変更によって納付金制度の対象外となったため、1989年度から納付金制度が廃止され、法律の名称も「国有資産等所在市町村交付金法」に改められました。
3　創設時は10分の8と10分の2でしたが、航空機の近代化等にともなう財政需要の増高などを理由に、1973年度に10分の7.5と10分の2.5に、そして92

年度からは現行の比率となっています。
4 佐藤昌一郎（1981）、48頁。
5 佐藤昌一郎（1981）、49頁。
6 総額は、地方税務研究会（2017）、沖縄分は、沖縄県知事公室基地対策課（2017）によります。
7 以下は「軍用地料　政治姿勢で差」『毎日新聞』2015年7月2日付、によります。
8 国際民間航空機構で提案された航空機騒音の「うるささ」を表す単位。
9 守屋武昌・小那覇安剛（2010）、188頁。
10 第51回国会衆議院内閣委員会（1966年4月21日）における小幡久男防衛庁長官の発言。
11 第72回国会衆議院内閣委員会（1974年5月16日）における田代一正防衛施設庁長官の発言。
12 仲地博（2000）、199頁。
13 原子力発電所所在自治体の財政については、清水修二（2011）、岡田知弘・川瀬光義・にいがた自治体研究所編（2013）、などを参照してください。
14 「減価償却資産の耐用年数等に関する省令」による発電所の法定耐用年数は15年、固定資産評価基準別表15による減価率は0.142ですので、5年目には初年度の半分近くに減価します。
15 ただし、助成交付金・調整交付金ともに総額は予算の範囲内であるのに対し、国有財産台帳記載の評価額の1.4％で算出される国有資産等所在市町村交付金には、そうした制限はありません。
16 原子力発電所が立地している自治体に交付される交付金のほとんどを占める電源立地地域対策交付金について、近年では、電源三法のうち「発電用施設周辺地域整備法」にもとづく交付実績はほとんどなく、もっぱら「特別会計に関する法律」にもとづいて交付されています。その意味では、電源三法交付金ではなく、「電源二法交付金」というのが実態です。
17 経済産業省資源エネルギー庁（2016）、より。
18 2000年12月に議員立法により成立し、01年4月から施行された「原子力発電施設等立地地域の振興に関する特別措置法」では、道路、港湾、漁港、消防用施設、義務教育施設を対象に、補助率の嵩上げなどの支援措置がおこなわれます。電源三法交付金との最大の違いは、財源を一般財源に求めていることに

あります。
19　分収制度については、沖縄タイムス社編（1997）、来間泰男（2012）、を参照してください。
20　喜瀬・許田の107haも2017年6月30日に返還されました。

第4章　新基地押しつけのための財政政策

はじめに

　第2章で述べましたように、1995年9月に発生した海兵隊員による少女への犯罪行為を契機に、復帰後20年以上を経過しても変わらない基地過重負担に対する沖縄の人々の怒りが爆発し、基地の整理・縮小を求める世論がかつてなく高揚しました。それに対して日米政府がまとめたSACO報告では、11施設、約5000haの返還が合意されたものの、そのほとんどが県内に新たな基地を建設することを前提としていました。その象徴的事例が、普天間飛行場の撤去の条件として、名護市辺野古に新基地を建設する政策でした。そのため日本政府は、今後も米軍基地を維持するために沖縄の人々の怒りをなだめ沈静化するとともに、新基地建設について「合意」を獲得する、という新たな課題に直面することとなりました。本章では、こうした課題に対処するべく講じられた財政政策の特異さについて述べることとします。

1　新たな財政政策

　先に述べた2つの課題に直面した日本政府は、1990年代後半から、新たに次のような財政措置を講じてきました。
　まず怒りをなだめるための措置として第1に、1997年度予算から、

普通交付税の算定項目に安全保障への貢献度を加えることとし、全国の基地所在市町村に150億円交付されることとなりました。そのうち半分の75億円が沖縄に交付され、うち25億円が沖縄県に、50億円が県内基地所在市町村に配分されています。具体的には基準財政需要額算定の際の補正件数の一つである密度補正に「基地補正」が新たに設けられました。

　第2が、那覇防衛施設局が地元の窓口となって、内閣内政審議室の承認を受けて補助金が交付される、沖縄米軍基地所在市町村活性化特別事業費です。これは、官房長官の私的諮問機関である「沖縄米軍基地所在市町村に関する懇談会提言」（座長：島田晴雄慶應義塾大学教授）の提言を受け、米軍基地所在市町村から提案された事業に必要な経費を補助しようというものです。そのために1997年度から総事業費約1000億円、38事業47事案のプロジェクトがすすめられました。補助率は9割で、裏負担についても自治体の負担が実質零となるような財政措置が講じられました。*1

　そして第3に、1999年末に沖縄県知事や名護市長が基地新設に条件付きながら「同意」したことを踏まえて「地域振興」にかかわる特別な事業のための予算措置が講じられました。その経過は次の通りです。

　1999年12月27日に当時の名護市長が新基地建設を受け入れることを表明し、その翌日には「普天間飛行場の移設に係る政府方針」が閣議決定されました。その政府方針は、それに先立って12月17日におこなわれた第14回沖縄政策協議会での了解を踏まえた「普天間飛行場移設先及び周辺地域の振興に関する方針」「沖縄県北部地域の振興に関する方針」「駐留軍用地跡地利用に係る方針」から成っています。そして北部振興事業として2000年度から10年間、毎年100億円、計1000億円の予算措置が講じられることとなりました。ここで「移設先及び周辺地域」とは、名護市と名護市に隣接する東村と宜野座村が該当し

ます。また「北部地域」とは、沖縄本島のほぼ北半分の区域を意味し、名護市をはじめとする1市2町9村が該当します。

　この北部振興事業費は新基地受け入れの見返りではない、というのが重要な建前でした。しかし沖縄の北部地域だけを対象とした地域振興について、わざわざ閣議決定までして政府を挙げて取り組むという異例の体制をとることの‘下心’がどこにあるか、誰もが容易に想像が付くことでしょう。

　以上の予算措置は、前章までに述べた従前の施策と次の2点において異なります。第1は、従前のそれは基地が所在する全国の自治体が対象となるのに対し、これらは沖縄の自治体のみが対象となる点です。第2に、従前の施策は、基地交付金を除くと防衛省の所管であるのに対し、新たな措置は防衛省の所管ではないという点です。こうした違いがあるとはいえ、予算額の根拠が不明確であるのは共通する特徴といえます。基地補正がなぜ150億円なのか、沖縄米軍基地所在市町村活性化特別事業費がなぜ1000億円なのか、北部振興事業がなぜ1000億円なのか、まったく根拠がありません。このように、根拠不明ながら確保された財政資金を‘山分け’するという構図は変わらないといえます。

2　別枠予算で基地押しつけ

　先の図1-3では、在日米軍駐留経費負担が1999年度をピークに2000年代は大きく減少し、その主な要因が「提供施設の整備」の減少によるものであることを示しました。そしてまさにその減少が始まった頃から日本政府はSACO報告の推進、つまり沖縄県内に基地を新設することを条件とする基地返還政策の推進に取り組みはじめました。新基地建設とは第1章で述べた在日米軍基地駐留経費負担うちの「提

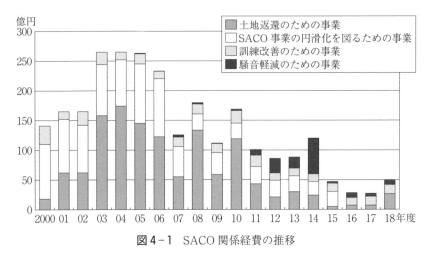

図4-1 SACO関係経費の推移
出所：防衛省（各年）『我が国の防衛と予算』より作成。

供施設の整備」そのものにほかならないはずですが、そのための予算は防衛予算とは別枠で計上されているのです。

　SACOで合意された施策を実施するために設けられた経費は、1996年度補正予算から計上されています。図4-1はその2000年度以降の内訳の推移をみたものです。これは当初、沖縄の県道104号線越え演習の県外への移転にともなう周辺対策である「訓練改善のための事業」が中心でしたが、2000年度以降は、「土地返還のための事業」つまり新基地建設のための事業を中心に増加しており、とくに03年度から06年度までは総額で200億円を超えています。自治体財政にとって大きな意味を持つのが、もう一つ大きな比重を占めている「SACO事業の円滑化を図るための事業」です。なぜなら、これはSACO関連施設の移転先または訓練の移転先となる自治体を対象した環境整備法9条の特防交付金の特別分であるSACO交付金[*2]、および8条の民生補助金の特別分であるSACO補助金だから[*3]です。これによって、対象となる自治体には、特防交付金・民生補助金の通常分に加えて特別分が配分

されることとなりました。

　2006年に合意された日米ロードマップによって、SACO事案のうち普天間飛行場の条件付き返還などが米軍再編事業に移ったため、以降のSACO関係経費は大きく減少します。それを補うかのように、やはり別枠で米軍再編関係経費が新たに計上されています。

　表4-1は、米軍再編関係経費の内訳の推移をみたものです。このうち、米軍に提供する新施設の建設費が盛り込まれているのが、「在沖海兵隊のグアムへの移転事業」「沖縄における再編のための事業」「空母艦載機の移駐等のための事業」です。

　第2章で説明しましたように、日米ロードマップによって嘉手納飛行場より以南の6基地の返還が予定されていますが、その一部がグアムでの基地建設が前提となっています。「在沖海兵隊のグアムへの移転事業」とは、その建設費の一部として日本が上限28億ドルの範囲内で負担することになっていることによる経費です。米軍のための財政負担が、ついには日本の主権が及ばないところでの基地建設費にまで拡大しているのです。また「空母艦載機の移駐等のための事業」とは、もっぱら山口県の岩国基地向けの経費です。

　そして「沖縄における再編のための事業」に計上されているのが、2016年に強行された東村高江でのヘリパット建設費や、今強行されようとしている辺野古への新基地建設費です。新基地建設に反対する翁長雄志氏が知事選挙で勝利したのは2014年11月ですが、15年度以降にこの予算が大きく増加していることに、民意を顧みない安倍政権の姿勢が如実に現れています。

　以上みてきたように、SACO関係・米軍再編関係経費にはいずれも事実上の「提供施設の整備」が多く計上されており、それらを含めると在日米軍駐留関係経費は1999年度以降も決して減少しているわけではありません。そしてそれらは、防衛省の所管であるにもかかわらず、

表4-1 米軍再編

	2007	08	09	10
在沖海兵隊のグアムへの移転事業	301	400	34,608	47,229
沖縄における再編のための事業	1,192	5,049	9,590	5,284
米軍司令部の改編に関連した事業	105	264	386	1,162
空母艦載機の移駐等のための事業	142	5,843	5,584	27,077
緊急使用のための事業	—	—	—	—
訓練移転のための事業	373	1,123	856	847
再編関連措置の円滑化を図るための事業	5,127	6,428	9,188	9,285
地元負担軽減関連施設整備等	0	0	8,707	7,767
抑止力の維持等に資する措置	0	0	14,946	33,302
計	7,240	19,107	83,865	131,953

出所：防衛省『我が国の防衛と予算』各年より作成。

通常の防衛予算とは別枠で計上されています。2018年度予算でみますと、私たちが防衛関係経費として知らされている予算額にSACO関係経費50億円、米軍再編関係経費2161億円を加えた金額が、本当の防衛予算なのです。

3 米軍再編交付金の特異性

　さて先にSACO関係経費の「SACO事業の円滑化を図るための事業」に環境整備法の特防交付金・民生補助金の特別分が含まれていることを指摘しましたが、米軍再編関係経費にも「再編関連措置の円滑化を図るための事業」に、同じく自治体向けに特別な予算が計上されています。前者は環境整備法の枠内での特別分であるのに対し、後者は2007年に制定された「駐留軍等の再編の円滑な実施に関する特別措置法」（以下、米軍再編特措法）という特別な立法措置によって設けられたものです。
　すでに述べましたように、普天間飛行場撤去の条件としての新基地

関係経費の推移

(単位:百万円)

11	12	13	14	15	16	17	18
52,460	8,097	332	1,400	1,700	14,000	26,500	59,000
1,873	3,753	6,019	5,700	27,100	69,000	63,600	87,900
8,982	2,229	8,381	7,500	100	0	—	—
28,036	30,473	36,247	58,900	92,600	72,400	91,300	19,500
—	—	—	—	—	—	600	200
995	4,052	4,249	4,900	5,200	5,900	7,200	8,400
10,306	11,321	9,371	10,500	15,800	15,200	12,100	41,100
13,476	2,804	976	—	—	—	—	—
6,847	7,944	3,620	1,900	3,500	3,500	—	—
122,975	70,673	69,195	90,800	146,000	180,000	201,300	216,100

建設に関連して名護市など沖縄本島北部地域の自治体にさまざまな財政資金が投じられてきましたが、新基地建設の着工には至りませんでした。この事態を打開することを目的として上記の特別法が制定され、新たに米軍再編交付金が創設されました。

　この交付金の使途については、特防交付金を上回る14分野に広がっています。さらに施設または設備の設置事業以外で２年度以上にわたり継続する事業をおこなおうとする場合には、それに必要な経費をまかなうための基金を設けることができることとなりました（米軍再編特措法施行令第５条）。しかし、この交付金の交付対象となるためには、次のような条件が満たされなければならないのです。

　第１に、再編に関連する防衛施設ごとに、負担の増加と減少を点数に置き換えて足し引きし、負担がプラスとなった施設を防衛大臣が指定し、その施設が所在する市町村が指定の候補となります。その条件を満たして候補となった上で、「当該市町村において再編関連特別事業を行うことが当該再編関連特定防衛施設における駐留軍等の再編の円滑かつ確実な実施に資するために必要であると認めるとき」（米軍再編

特措法第5条）（傍点は筆者）に、指定される、つまり防衛大臣が「再編の円滑かつ確実な実施に資する」と認めないと、交付対象とならないのです。これが意味することについて、Xバンドレーダーの設置に関する京都府京丹後市議会で行われた説明会に、かつて名護市でかかわったことがある防衛省の担当者が出席して次のように述べています。

　「市町村からわかりましたと、では理解いたしましたと表明してもらったら初めて防衛大臣は特定防衛市町村と指定します。もっと簡単なことを言いますと、理解していただけないのであれば指定しません」[*4]。

　この説明によれば、「理解」とは首長や議会が基地受入れを表明することを意味することになります。実際、米軍再編特措法制定後間もない2007年10月31日に、米軍再編交付金の支給対象となる33市町村が発表されましたが、このとき候補であるのに対象外となったのが、神奈川県座間市、山口県岩国市、そして沖縄県内で候補となっていた5市町村のうち名護市など4市町村でした。座間市は米陸軍第一軍団司令部の受入れに反対していました。岩国市の場合は、当時の岩国市長が再編にもとづく厚木飛行場の空母艦載機移転に反対していたため指定されませんでした。また、名護市の場合、当時の名護市長は基地建設そのものに反対したわけではなく、滑走路を政府案より沖合に移すことを要望していたにすぎませんでした。しかし政府案を予定通りにすすめようとした政府は、この時点では名護市を対象外としたのです。

　防衛大臣が「再編の円滑かつ確実な実施に資する」と認めなければ交付対象とならないという基準の恣意性が、最初に端的に現れたのが岩国市でした。政府は、1996年のSACO合意にもとづく空中給油機

の普天間飛行場から岩国飛行場への移転を受け入れたことにともなうSACO補助金49億円を交付することとしていました。これをもとにして、岩国市は2005年から新市庁舎の建設に着手し、政府もまた05、06年度の2年間に計14億円を交付しました。ところが、2006年の「再編実施のための日米のロードマップ」に盛り込まれた空母艦載機の岩国飛行場への移転などに岩国市長が反対したため、SACO合意にもとづく上記の補助金のうち、残り35億円について米軍再編特措法を根拠に交付しないことにしたのです。市長は予算を組み替えて合併特例債を発行して庁舎建設費用に充てることをめざしたのですが、議会が5度にわたりその予算案を否決したため、辞任を余儀なくされました。そして再選挙では移転を容認する候補者が当選しました。[*6]

　第2に、交付限度額は、再編による防衛施設の面積の変化、施設整備の内容、航空機等の数の変化、人員数の変化など、つまり負担の増加具合を点数化して決まります。'迷惑'をかける度合いに応じて交付額が決まるのは特防交付金と同じです。ただし再編交付金の場合は、基地建設の進捗状況に応じて出来高払いで支給されます。ここでいう進捗状況というのは、①政府案の受け入れ、②環境影響評価の着手、③施設の着工、④再編の実施、の4段階に分けられており、再編が実施された翌年度の交付額を上限として、再編の進捗状況に応じて①上限額の10％、②上限額の25％、③上限額の66.7％、④上限額の100％と、交付額を逓増させることとなっています。これは要するに、これまで北部振興事業などの予算措置を講じてきたにもかかわらず、新基地建設のための杭を一本も打てなかったことを'教訓'として、実際に事業が進まないと交付しないといういわば'成果主義'を導入したといえます。

　この出来高払いという方式は、再編事業が遅延した場合にも適用されます。すなわち、「その遅延が国の行為または自然現象以外の事由に

起因するものであって、関係する再編関連特定周辺市町村の長がその事由の解消に努め、または協力していると認められないとき」(「米軍再編特措法施行規則」第8条の6)には、減額または零とすることもあるとされています。これが意味することについて、先ほど紹介した京丹後市議会での説明会で防衛省の担当者が、次のように述べています。

　「非常にちょっと言いづらいところでございますけど、やはり途中でだめだと言われると減額したり、やはりゼロということになります。特に私が担当しました名護はございません。打ち切りました」[*7]。

　実際に防衛省は、名護市に対して次のようなことをおこないました。2010年1月の市長選挙においては、新基地建設に反対することを公約した稲嶺進候補が当選しました。新市長は10年度予算編成に際して、米軍再編交付金を活用した新規事業は計上しないが、前市長時代からの継続事業については計上することとしました。ところが防衛省は、この継続事業分について、10年度分約9億9000万円の内示を保留した上に、09年度内示分の6割に当たる約6億円についても交付を保留しました。市側の再三の要望にもかかわらず保留を解除せず、10年12月24日には正式に不交付決定の通知をおこなったのです。これは、市長が建設に反対しているので交付の条件である「再編の円滑かつ確実な実施に資する」と認められないからということなのでしょう。
　不交付決定を受けて、市長は市広報に「再編交付金にたよらないまちづくりに邁進します」という所信を掲載し、市民に次のように呼びかけました。

　「再編交付金の活用を予定していた繰越・継続事業は……計画的に

他財源に振り分けて実施します。しかし全ての事業を実施できるとはかぎりません。まずは事業の取捨選択を行い、必要な事業については他の補助事業・交付金事業へ切り替えて対応します。緊急性の高いものは基金や一般財源を充ててでも実施します。もちろんそれは計画的な財政運営に裏付けされた健全な財政状況の中で行っていくものです」。

「沖縄県内で再編交付金の交付対象市町村は４市町村のみです。国内をみても限られた自治体のみが対象となっています。再編交付金が交付されないからといって事業ができなくなるとか、ましてや市財政が破たんするというような心配は全くありません」[*8]。

ここで述べられているのは、事業の必要性を精査し、必要性の高いものから財源を手当てして実施するという、至極まっとうな財政運営です。そして名護市では、米軍再編交付金を充当することを予定していた事業のほとんどについて、他の財源を確保するなどして実施にこぎ着けています。周知のごとく、日本の地方財政システムにおいては、米軍再編交付金のような特異な財源を想定していません。名護市は、辺野古への新基地建設受入れの見返りとしての性格が明確な資金への依存を断ち、ごく当り前の財政運営へと転換する第一歩を踏み出しました。

こうしてみると米軍再編交付金というのは、政府の方針に唯々諾々と従って初めて満額交付されるものだということがわかります。公的資金の交付対象自治体の選定に関して、このような恣意的運用が可能であることが、再編交付金の核心的な特徴といってよいでしょう。

はなはだ残念なことに、2018年2月に行われた名護市長選挙では、政府の全面支援を受け、新基地建設について「裁判の推移を見守る」としか述べなかった候補者が当選しました。しかし、新基地建設に関す

る政府の施策に異を唱えなければ交付されないような資金を得られなくても、自治体の財政運営に支障はないことを示したこの8年間の名護市政は、将来基地が撤去された後の自治体財政を展望する上で、貴重な足跡を残したといえます。[*9]

4　地方自治をないがしろにする再編特別補助金

　先に述べましたように、北部振興事業など沖縄本島北部地域自治体に投じられてきた特別な財政措置は、新基地受入れの見返りではないという「建前」がありました。米軍再編交付金は、こうした建前をかなぐり捨てて、新基地建設に対する政治的姿勢によって交付の是非が左右されるというものでした。これを利用した日本政府による名護市へのいやがらせにもかかわらず、名護市は堅実な財政運営に務め、2014年に行われた名護市長選挙、沖縄県知事選挙、衆議院議員選挙では、いずれも新基地建設に反対することを公約した候補者が当選しました。ところが政府は、こうした民意を一切顧みず、新基地建設を強行してきました。そうした中、政府は2015年11月27日、新基地建設地の地元である久辺3区（辺野古、久志、豊原）のみを対象とした「再編関連特別地域支援事業補助金」を創設しました（以下、再編特別補助金）。この場合の「区」とは、第3章で紹介した行政区で、名護市には55あります。東京23区のような法人格を有し、選挙で選ればれた首長や議員を有する自治体ではなく、いわば町内会のような任意団体です。本書の冒頭で、原子力発電所や米軍基地の立地に関して、同意を求める対象を極力絞って問題を矮小化するのが日本政府の常套手段であると述べましたが、それでもこれまでの矮小化の最小単位は地方自治体でした。それは曲がりなりにも地方自治を「尊重」せざるを得ないことの現れでもあったと思われます。その意味からしてこの補助金

は、この国が地方自治を「尊重」する姿勢すら放棄したことを意味します。[*10]

　再編特別補助金は、2015年11月27日付防衛省訓令第50号「再編関連特別地域支援事業補助金交付要綱」にもとづいて交付される、いわゆる予算補助です。交付要綱をみると、次の諸点において米軍再編交付金にみられた恣意性をいっそう深化させた内容となっています。

　第1に、米軍再編交付金と同じく「駐留軍等の再編の円滑な実施に資する」という目的を掲げつつも、「駐留軍等の再編が実施されることを前提とした地域づくりを行う場合」と、新基地建設の実施が前提であることが、念を押すように明記されています。

　第2に、補助の対象を「地縁団体」とし、次の要件を明記することによって事実上久辺3区のみが対象となるようにしています。すなわち、米軍再編によって保有する航空機の数が40機を超えて増加し、かつ部隊の人員数が1000人を超えて増加する施設が所在する地域の地縁団体としています。米軍再編交付金の場合には、施設が所在する自治体のみならず周辺自治体も対象となったのですが、再編特別補助金の場合には「所在」と明記することによって、久辺3区にのみ限定されることとなっています。ただし「再編の円滑かつ確実な実施に資するため特に必要」と認められなければ交付されないのは、米軍再編交付金と同じです。

　実は、この久辺3区に対象を限定するための要件は、米軍再編特措法第3章に規定している再編関連振興特別地域の指定の要件とまったく同じです。この特別地域は知事の申出により指定されるのですが、「駐留軍等の再編による当該再編関連特定周辺市町村の区域に対する影響が著しい」「当該地域の振興を図ることが、当該再編関連特定周辺市町村に係る再編関連特定防衛施設における駐留軍等の再編の円滑かつ確実な実施に資するため特に必要であると認められる」(第7条)ことが

第4章　新基地押しつけのための財政政策　95

必要です。その「影響が著しい」ことを示す要件がまさに上記のとおりなのです。

　米軍再編特措法が制定された当初、この特別地域に該当すると想定されていたのが、岩国基地を有する山口県と沖縄県でした。そして実際、山口県には再編関連特別地域整備事業の実施に必要な補助金が支給されていますが（2018年度で40億円弱）、沖縄県には支給されていません。これはおそらく沖縄県が申し出ていないからでしょうが、たとえ申し出たとしても、前節で述べたような米軍再編交付金に関する名護市への政府の対応ぶりからして、防衛省が「再編の円滑かつ確実な実施に資するため特に必要」と認めて支給するとは考えられません。

　第3に、特防交付金・米軍再編交付金の場合は、対象となる市町村への交付限度額を決める基準が明確であるのに対し、再編特別補助金にはそうした基準がありません。明らかにされたのは、2015年度は1団体（区）当り年1300万円、計3900万円を上限とするということだけです。さらに16年度予算では、その倍額の7800万円が計上され、17年度1億500万円、18年度1億2000万円と増加が続いています。また補助率は100％です。

　第4に、対象事業は、(1)日米交流に関する事業、(2)住民の生活の安全に関する事業、(3)その他生活環境の整備に関する事業、の3種類です。防衛省の説明資料によると、具体的事例として(1)は伝統芸能に資する事業、スポーツ大会等、(2)は交通安全講習会、防犯灯設置等、(3)は集会施設の改修、増築等、が挙げられています。2015年度に実施が認められた事業をみると、辺野古区は上記の(2)に該当する防災備蓄倉庫、豊原区は(2)に該当する防犯カメラ、(3)に該当する地区会館の無線放送設備等、久志区は(3)に該当する東屋となっています。

　この3種類の事業は、再編特別補助金が支給されないと実施できないのでは決してありません。実は名護市には、島袋吉和元市長が新基

地建設を容認していた時代に交付された米軍再編交付金を財源とした基金事業が4つあり、うち一つが久辺3区のみを対象とした「久辺三区地域コミュニティ事業」で、基金額は6億円です。その申請書によると、目的は「普天間飛行場代替施設の移設による航空機騒音等の影響を最も受けると考えられる名護市東側地域の辺野古区、豊原区及び久志区において地域住民が自主的・主体的に行うコミュニティ活動を支援し、住民主体の活力あるまちづくりを促進すること」と記されています。そしてその実施要綱によりますと、対象となる事業は、①防災訓練、防犯パトロール、②祭り、伝統行事や文化財の保護、③教育、音楽会、スポーツ大会、④コミュニティ活動の拠点づくり、ボランティア活動支援、⑤地域おこし事業、⑥清掃活動、花壇づくり、などです。これらは、目的に掲げられた「地域住民が自主的・主体的に行うコミュニティ活動」であり、久辺3区が市長に交付申請書を提出して審査を経て必要な資金が交付されます。名護市の資料によりますと、2014年度においては、45件の事業が実施され、1576万9000円が、15年度は39件、7207万円が交付されています。その内容からして、先に述べた再編特別補助金が対象とする3事業のうち、(1)と(2)はこれを活用することで実施できると思われます。

　さらに、名護市が施設または設備を設置する事業にも充当可能です。これは市が事業主体なので、久辺3区が実施申請書を提出しておこなわれます。再編特別補助金が対象とする事業の(3)も、これを活用することで実施できるはずです。

　要するに、再編特別補助金の対象とする3事業ともに、この基金事業で実施可能なのです。新基地建設に反対していた名護市の予算で実施可能な事業であるにもかかわらず、「再編が実施されることを前提とした地域づくり」つまり新基地建設に異を唱えないことを前提とした国による地縁団体へのこうした財政支出は、地方自治の侵害というべ

きではないでしょうか。

おわりに

　基地を特定地域に集中的に立地させるための日本の財政政策は、第3章でみた特防交付金に見られるように、当該地方自治体に対して因果関係及び政策効果が不明確な公共施設整備を特段に優遇することを特徴としていました。米軍再編交付金においては「再編の円滑かつ確実な実施に資する」という条件を加えることによって、首長の政治的姿勢次第で交付金の支給対象外とすることが可能となり、また交付が決まった後でも減額または零にできるという恣意的な運用が可能となりました。それでも、交付対象を市町村としていたのは、基地の立地について地元の同意を獲得するに際して地方自治を「尊重」せざるを得ないからと思われます。ところが再編特別補助金において対象を地縁団体に限定したことは、政府自ら地方自治を「尊重」する姿勢を放棄したといえます。

　法律補助であり自治体を対象とする米軍再編交付金について名護市を不交付にする一方で、予算補助によって政府の方針に異を唱えないことを前提として名護市の頭越しに任意団体へ予算配分するのは思想信条による差別というべきであり、民主主義社会における公的資金の交付対象の決め方としてあるまじきやり方ではないでしょうか。

　　注
1　適債事業の場合は100％を起債充当（当該年度の元利償還金の90％を普通交付税で措置し、残り10％を特別交付税で措置）し、非適債事業の場合は特別交付税で措置しました。これら事業の問題点については、渡辺豪（2009）が参考になります。
2　正式には「特別行動委員会関係特定防衛施設周辺整備交付金」といいます。

3　正式には「特別行動委員会関係施設周辺整備助成補助金」といいます。
4　京都府京丹後市基地対策特別委員会（2013年5月9日）における枡賀政浩防衛省近畿中部防衛局企画部部長の発言。なお原文は「理解していただけるのであれば」となっていますが、米軍再編特措法の仕組みからして明らかに誤記と判断し、「理解していただけないのであれば」と訂正しました。この会議の後の2014年12月、京丹後市・経ヶ岬にXバンドレーダー基地が設置されました。この会議には、防衛省近畿防衛局の担当者が出席し、新基地を受け入れた場合の財政優遇措置について説明しています。
5　詳細な経緯は『週間金曜日』編（2008a）、同（2008b）を参照してください。
6　空母艦載機移駐計画は、予定された約60機の移駐が2018年3月30日に完了しました。これによって岩国基地は、海兵隊と合わせた所属機が約120機に倍増し、嘉手納基地に並ぶ極東最大級の航空基地となっています。その実情については、田村順玄・湯浅一郎（2018）、を参照してください。
7　注4に同じ。
8　名護市『市民のひろば』2011年2月号より。
9　新市長は当選後も新基地建設について容認を明言していないのですが、2018年3月23日に「自治体の長として法令にのっとって対応する」と明言したことを受けて、政府は再編交付金を交付しようとしています。以上は、「名護市長移設『対応する』」『琉球新報』2018年3月24日付によります。
10　国が市を通さずに補助金を直接交付することの問題点については、木村草太（2017）所収の「直接振興費への疑問」及び「振興費のおかしさ」が参考になります。同書は『沖縄タイムス』に掲載された連載コラムをまとめたものです。

［追記］
　上記の注9で述べましたように、新しい名護市長は、新基地建設について賛否を明言していません。つまり、米軍再編交付金の交付対象となるのに必要な「理解」を示したとはいえないのですが（90頁参照）、政府は、17年度分を繰り越して2年分約30億円を交付することにしました。他方、18年度においても1億2000万円を計上していた再編特別補助金は取り止めることとしました。これによって、自治体の頭越しに任意団体に対して国が補助金を交付するという、自治権の侵害は「解消」されました。いずれにせよ国の方針に異を唱えない自治体のみを交付対象とするという、米軍再編交付金の特異性が改めて浮き彫りになったといえます。

第4章　新基地押しつけのための財政政策

第5章　沖縄振興予算について

はじめに

　本章では沖縄振興予算について述べることとします。それは、沖縄振興特別措置法にもとづく予算措置で、所管は内閣府沖縄担当部局です。

　敗戦後も四半世紀にわたり米軍政下におかれた沖縄は、高度経済成長を謳歌していた日本と比べて社会資本の整備水準が著しく低く、製造業がきわめて脆弱でした。こうした経済状況を改めることをめざして復帰時にさまざまな施策が講じられましたが、なかでも中核をなしたのが沖縄振興開発特別措置法でした。その目的は「沖縄の復帰に伴い、沖縄の特殊事情にかんがみ、総合的な沖縄振興開発計画を策定し、及びこれに基づく事業を推進する等特別の措置を講ずることにより、その基礎条件の改善並びに地理的及び自然的特性に即した沖縄の振興開発を図り、もって住民の生活及び職業の安定並びに福祉の向上に資すること」（第1条）にありました。

　「沖縄の特殊事情にかんがみ」て作成された計画に「基づく事業を推進する等の特別の措置」に必要な補助金等の予算を一括して扱うために沖縄開発庁が設けられ、沖縄にはその地方支分部局として沖縄総合事務局という総合出先機関が置かれました。沖縄開発庁は2001年の省庁再編により内閣府沖縄担当部局となり現在に至っています。こうし

た機関が設けられたことにより、国から予算を獲得するに際して、沖縄以外の府県の場合は府県の担当者が各省庁に予算要求するのに対し、沖縄では県に代わってかつては沖縄開発庁が、今は内閣府沖縄担当部局が省庁ごとの予算を一括計上して財務省に要求することとなりました。翁長知事によると、「復帰したからといって、国との予算の折衝の仕方も皆目わからなかった」[*1]事情を配慮した措置でもあったとのことです。

　この一括計上方式によって、総額が予算段階で明確となり、「沖縄振興予算」という名称がつくため、通常の予算に上乗せされるような誤解を与えがちですが、決してそうではありません。執行の段階では、自治体の歳入予算に「国庫支出金」などとして計上される点は、沖縄以外の自治体とまったく同じです。また、その予算には国の事業としておこなわれ、自治体の歳入予算に計上されないものも含まれています。2018年度の場合ですと、那覇空港の滑走路増設事業や沖縄科学技術大学院大学学園関連経費などです。

　10年の時限立法であった沖縄振興開発特別措置法は2度延長され、3度目の延長となった2002年度からは「開発」を削除し「沖縄振興特別措置法」（以下、沖振法（おきしんほう））となりました。現行の沖振法は、02年法を改正して2012年度からの21年度までの時限立法として制定されたものです。その目的は「沖縄の置かれた特殊な諸事情に鑑み、沖縄振興基本方針を策定し、及びこれに基づき策定された沖縄振興計画に基づく事業を推進する等特別の措置を講ずることにより、沖縄の自主性を尊重しつつその総合的かつ計画的な振興を図り、もって沖縄の自立的発展に資するとともに、沖縄の豊かな住民生活の実現に寄与すること」（第1条）にあります。1972年制定時に明記された目的と表現は異なるところがありますが、「沖縄の特殊事情に鑑み」て作成された計画による特別な措置という趣旨は変わりません。

ところで、「沖縄の特殊事情」とは何でしょうか。首相官邸のウェブサイトをみますと、特集ページの一つに「沖縄振興について」が設けられています。そこでは「沖縄振興の必要性」について「政府は、沖縄の歴史的、地理的、社会的な特殊事情に鑑み、国の責務として沖縄振興策を実施しています」（傍点は筆者）と述べた上で、特殊事情について次のように説明しています。すなわち、「先の大戦により20万人もの人々が犠牲になったほか、戦後27年にわたり、アメリカの施政権下に置かれたことにより、インフラの整備などの面で本土と大きな格差」ができたという「歴史的事情」、「本土から遠隔にあるとともに、東西1000km、南北400kmの広大な海域には160もの離島が散在しており、島嶼地域ならではの経済的不利性」という「地理的事情」、「国土面積の0.6％の県土に在日米軍専用施設・区域の70.6％が集中していることから、県民生活に様々な影響を及ぼして」いるという「社会的事情」です。

　さらに「経済財政運営と改革の基本方針2018」でも「沖縄の振興」について「沖縄は、成長が著しいアジアの玄関口に位置付けられるという地理的特性や全国一高い出生率など、大きな優位性と潜在力を有している。これらを活かし、日本経済再生の牽引役となるよう、国家戦略として沖縄振興策を総合的・積極的に推進する」（傍点は筆者）と謳われています。

　こうしてみると、沖縄の振興をすすめるのは「国の責務」であり、かつ「国家戦略」と位置づけられていることがわかります。しかもそれは、沖振法によれば「沖縄の自主性を尊重しつつその総合的かつ計画的な振興を図り、もって沖縄の自律的発展に資するとともに、沖縄の豊かな住民生活の実現に寄与する」ことが目的なのです。こうした趣旨からして、本書のテーマである基地政策との関連などまったくないはずです。しかしながら、最近の動向をみると、そうした「建前」と

は裏腹の事態が生じています。本章では、その事実を跡づけ検証することによって、沖縄振興予算なるものの問題点を明らかにすることとします。

1　辺野古新基地建設と振興予算

　表5-1は、2011年度から最近までの沖縄振興予算の推移をみたものです。この表をみると、翁長知事が当選した2014年11月以前と以後とで、明確な違いがあることがわかります。復帰40周年を迎え、新たな沖振法にもとづく施策が始まった2012年度予算額は2937億円と、前年度比636億円、27.6％もの増額となっています。この時の内閣府沖縄担当部局の概算要求額は、前年度当初予算比100億円増の2400億円でした。これに対し沖縄県は、総額3000億円を確保し、国直轄事業費も含めたすべてを一括交付金化するよう求めていました。国直轄分の交付金化は実現しませんでしたが、後に述べる沖縄振興一括交付金が前年度と比べ5倍の1575億円に増え、これを含めた予算総額は県の要望がおおむね実現しました。

　ちなみに、内閣府ウェブサイトの予算紹介をみますと、「沖縄振興予算」という名称が使われるようになったのは2012年度からです。それまでは、「沖縄開発庁予算」、省庁再編後は「内閣府沖縄担当部局予算」と呼ばれていました。[*3]

　この予算案が決まったころ、当時の野田佳彦政権は、名護市辺野古への新基地建設をすすめる手続きの一環としての環境影響評価書の沖縄県への提出を控えていました。そして実際、沖縄振興予算の大幅増額を盛り込んだ予算案決定後まもない2011年12月28日の午前4時ごろに（午後4時ではなく）、環境影響評価書を沖縄県に提出しました。12年度予算というと東日本大震災後初の本予算であり、未曾有の大震

表5-1 沖縄振興予算と沖縄振興一括交付金の推移

	予算額	前年度比増減	沖縄振興一括交付金
2011年度	2,301億円	3億円（0.1％）増	321億円
2012年度	2,937億円	636億円（27.6％）増	1,575億円
2013年度	3,001億円	64億円（2.2％）増	1,613億円
2014年度	3,501億円	500億円（16.7％）増	1,759億円
2015年度概算要求	3,794億円	293億円（8.4％）増	1,869億円
2015年度	3,340億円	161億円（4.6％）減	1,618億円
2016年度	3,350億円	10億円（0.3％）増	1,613億円
2017年度	3,150億円	200億円（6.0％）減	1,358億円
2018年度概算要求	3,190億円	40億円（1.3％）増	1,253億円
2018年度	3,010億円	140億円（4.4％）減	1,188億円

注：2011年度の一括交付金は「沖縄振興自主戦略交付金」。
出所：内閣府沖縄担当部局ウェブサイトより作成。

災と原発震災からの復旧・復興が最優先のはずでした。日本の都道府県の位置関係を知らない人が、この沖縄振興予算の増額を耳にしたら、沖縄を被災地と勘違いするのではないでしょうか。

　12年度ほどではありませんが、14年度予算も前年度比16.7％増となりました。それが決まったのは2013年の年末ですが、その厚遇ぶりに感激した当時の仲井眞弘多知事が「これでよい正月が迎えられる」と発言し、ほどなく辺野古埋め立てを承認したことは記憶に新しいところです。さらに、翌年8月末に決まった2015年度概算要求も8.4％増となりました。2年続けての異例の増額は、同年11月の知事選挙に仲井眞氏が3選を目指して出馬を予定していたことを念頭に置いた政府による「応援」といえるでしょう。

　このように、政府が新基地建設をすすめるための手続きを強引にすすめる一方で、沖縄県の要望をほぼみたした予算額を確保して沖縄振興予算は異例の増額を続けていました。ところが、翁長雄志現知事が2014年11月の知事選挙で当選してからの推移をみますと、15年度は概算要求での大幅増額にもかかわらず、最終予算では逆に減額となり

ました。16年度は前年度並みでしたが、17年度は200億円の減額となりました。さらに18年度は概算要求では微増だったのですが結局は140億円の減額となっています。辺野古新基地建設に対する姿勢を180度異にする知事の交代を境にしたこのような変動ぶりをみると、沖縄振興予算も政府の基地政策と密接に結びついていると見なさざるを得ないでしょう。

このような予算運営が可能なのは、沖振法における予算措置を定めた第8章「沖縄振興の基盤の整備のための特別措置」には、国の補助・負担割合に関する規定はあっても、総額については「予算の範囲内」と規定されているだけで、政府の裁量に委ねられているからです。それでも、冒頭に述べました沖縄振興を国家戦略として国の責務ですすめるという「建前」からして、減額の理由を公式に基地政策と結び付けることはありません。ではどういう理由で、こうした変動が説明されているのでしょうか。

2　沖縄振興一括交付金とは

改めて表5-1をみますと、沖縄振興予算の増減に大きな影響を及ぼしているのが、「沖縄振興一括交付金」の増減であることがわかります。実際、2014年度と18年度の総額を比べると491億円減っていますが、同期間にこの交付金が571億円減と、総予算額を上回る減額幅となっています。沖縄振興一括交付金の予算総額に占める割合も、当初はおよそ半分でしたが、最近では3分の1ほどに低下しています。沖縄以外の人にはあまりなじみがない沖縄振興一括交付金ですが、それは以下のような経緯で創設されました。

地方分権をすすめる財政改革の一環として2004年度に始まった地方税・地方交付税・国庫支出金を一体的に改革する三位一体改革にお

いて、事業選択における自治体の裁量を拡大するために国庫補助金の交付金化がすすめられました。その一環として「まちづくり交付金」「社会資本整備総合交付金」が設けられたのに続いて、民主党政権下の2011年度には一括交付金として「地域自主戦略交付金」が創設されました。これは、都道府県を対象に投資的経費に係る補助金の一部を交付金化したものです。その11年度予算額は5120億円でしたが、沖縄分については他の都道府県関係予算とは区別して、内閣府の予算の中に沖縄自主戦略交付金として321億円が計上されました。こうした流れに沿って、沖縄独自の制度としての沖縄振興一括交付金が、2012年の沖振法改正時に創設されました。

　それには2種類あります。一つは、地域自主戦略交付金の沖縄版で、投資的経費に係る「沖縄振興公共投資交付金」（以下、ハード交付金）です。12年度予算額は771億円で、前年度の沖縄自主戦略交付金312億円と比べ2倍以上に増加しました。もう一つはソフト事業に充当できる「沖縄振興特別推進交付金」（以下、ソフト交付金）で、803億円計上されました。これは、他の府県にはない沖縄独自の制度です。対象事業は違えども、いずれも沖縄の振興のために自治体の自主的な選択にもとづいて実施できるもので、「沖縄振興一括交付金」と総称されています。

　図5-1は、沖縄県企画部が作成した2012年度沖縄振興予算についての説明資料です。それによると、ハード交付金、投資補助金、公共事業関係費（国直轄分）を合わせた投資的経費の総額は、前年度とほぼ同額となっています。他方、経常補助金が223億円から76億円に減額となっているものの、新設されたソフト交付金の予算額が803億円にものぼることにより、全体として600億円を超える大幅な増加となっていることがわかります。

　こうして沖縄振興一括交付金は、全国的政策としてすすめられた国

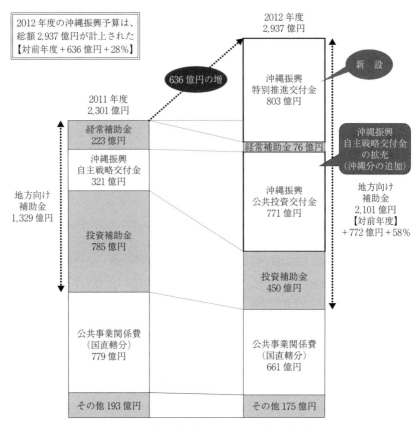

図5-1　2012年度内閣府沖縄担当部局予算（当初）について
出所：沖縄県『沖縄振興（一括）交付金について』2012年5月。

庫補助金の交付金化の一環として創設されたのですが、2012年末の総選挙によって自民党・公明党が政権に復活してほどなく、地域自主戦略交付金は廃止されてしまいました。しかし沖縄だけを対象としたこの一括交付金は、沖振法にもとづく施策であったため残存することになりました。

　このうちハード交付金は、全国的な制度としての地域自主戦略交付

金と同じく投資的経費に係るもので、また執行の手続きは従来の沖縄振興特別措置法による高率補助事業と同じです。したがって補助率や補助要綱などがそのまま適用されますので、特に目新しいわけではありません。これに対しソフト交付金は、沖縄のみを対象とした内閣府が管轄するまったく新たな制度であり、しかも803億円もの予算が計上されたため、沖縄振興予算の目玉的存在となったのです。

3　ソフト交付金とは

　この新たな交付金を県内自治体にどのように配分するかは、沖縄県及び県内市町村の裁量に委ねられています。そこで知事と市町村長が委員として参加する「沖縄振興市町村協議会」が設けられ、その協議会の決定によって配分が決まることになりました。ソフト交付金についてみますと、まず県と市町村間については、5対3の割合を原則とします。2018年度の場合についてみますと、県から12億円の調整額を市町村に追加することによって、県分は368億円、市町村分は240億円とします。市町村分の240億円のうち特別枠として40億円を確保した上で、残り200億円を基本枠として、人口と面積を基本指標としつつも、財政力加算、離島等加算、人口減少加算、老齢者人口加算、年少人口加算といった配慮指標も採用して、各市町村への配分額が決まります。18年度は、11市に117億500万円（58.5％）、30町村に82億9500万円（41.5％）が配分されます。[*4]

　こうして各自治体への配分は自由に決められますが、執行に際しては2012年4月19日に定められた「沖縄振興特別推進交付金交付要綱」（以下、交付要綱）に従わなければなりません。それによりますと、交付対象となる事業は「別表に掲げる事業等のうち、沖縄振興に資する事業等であって、沖縄の自立・戦略的発展に資するものなど、沖縄の

表5-2　沖縄振興特別推進交付金交付対象事業

イ	観光の振興に資する事業等
ロ	情報通信産業の振興に資する事業等
ハ	農林水産業の振興に資する事業等
ニ	イからハまでに掲げるもののほか、産業の振興に資する事業等
ホ	雇用の促進に資する事業等
ヘ	人材の育成に資する事業等
ト	ホ及びヘに掲げるもののほか、職業の安定に資する事業等
チ	教育の振興に資する事業等
リ	文化の振興に資する事業等
ヌ	福祉の増進に資する事業等
ル	医療の確保に資する事業等
ヲ	科学技術の振興に資する事業等
ワ	情報通信の高度化に資する事業等
カ	国際協力及び国際交流の推進に資する事業等
ヨ	駐留軍用地跡地の利用に資する事業等
タ	離島の振興に資する事業等
レ	環境保全並びに防災及び国土の保全に資する事業等
ソ	イからレまでに掲げるもののほか、沖縄の地理的及び自然的特性その他の特殊事情に基因する事業等

出所：「沖縄振興特別推進交付金交付要綱」2012年4月19日、別表より。

特殊性に基因する事業等として事業計画に記載されたもの」（第3条）（傍点は筆者）と規定されています。表5-2は、その別表を示したものです。観光の振興をはじめとして多様な分野に及んでおり、最後に挙げられている「イからレまでに掲げるもののほか、沖縄の地理的及び自然的特性その他の特殊事情に基因する事業等」を適用すれば、どのような事業であっても対象となりそうです。

　しかしながら、いかに使途が拡大したとはいえ、決して一般財源ではありません。というのは、交付要綱第3条の但し書きで、職員の人件費、公用施設の整備・維持費など通常の運営費、基金の造成費、別途国の負担又は補助を得て実施できる事業、国庫補助事業の地方負担

分、公債費などは対象外とされているからです。

　また、「事業計画に掲げる交付対象事業等の成果目標を設定するとともに、成果目標の達成状況について評価を行い、これを公表するとともに、大臣に報告するものとする」（交付要綱第7条）と、事後評価をしてそれを国に提出する義務が課されています。同じく国から交付される地方交付税交付金は一般財源であるので、こうした義務が課されることは決してありません。さらに、交付要綱第3条の「沖縄の特殊性に基因する事業等として事業計画に記載されたものとする」という要件に合致することを示すために、各自治体が作成する計画書には改正沖振法にもとづいて作成された『沖縄21世紀ビジョン基本計画』のどの箇所に該当する事業であるかを明記しなければなりません。

　なお、交付率は10分の8以内で、2割の負担分のうち1割は特別交付税措置されます。

　ともあれ、使途は幅広いですが、「沖縄の特殊性に基因」などと抽象的な基準によって執行しなければならない多額の予算が新規に計上されました。本来ならその使途の実情を踏まえた評価がなされるべきですが、その点は別稿に譲り、ここではすでに述べた沖縄振興予算額の変動と関連した評価にとどめておくこととします。先の表5-1で前年度比200億円減、とくに一括交付金は255億円減となった2017年度の予算編成に際して減額の理由とされたのは、新設されたソフト交付金の執行率の低さでした。繰り返し述べましたように、ソフト交付金は沖縄のみを対象とした内閣府が管轄するまったく新たな制度であり、しかもいきなり803億円もの予算が計上されたせいでしょうか、執行率の低さは当初から問題とされていました。

　表5-3は、ソフト交付金のうち市町村分の予算額、年度内執行額、繰越額の推移をみたものです。初年度は年度内の執行額が予算額の半分にも達していませんが、これは初年度で、要綱の発表が、会計年度

表5−3 沖縄振興特別推進交付金（市町村）の執行状況
(単位：億円)

	当初予算額	補正額	最終予算額	執行額	不用額	繰越額
2012年度	303	—	303	141	9	153
2013年度	303	15	318	215	15	87
2014年度	312	—	312	232	15	65
2015年度	312	6	318	244	7	67
2016年度	312	4	316	255	6	55

出所：沖縄県市町村課作成資料。

が始まった4月となったことによるところが大といえます。とはいえ、2013年度以降の年度内執行額の割合は着実に向上し、16年度は総予算額316億円のうち255億円、80.6％となっています。また繰越分は翌年度中にほとんど執行されていることからして、最終的な執行率は決して低いわけでは決してありません。しかしながら年度内執行率の低さは、毎年のように問題視され、2017年度予算の大幅減額の理由とされました。

しかしこの表から明らかなように、16年度より執行率が低かった14年度までは増額が続いたのに、改善がすすんでいるにもかかわらず17年度を減額とするのは説得力に欠けるといわざるを得ません。そのせいでしょうか、18年度概算要求でも一括交付金を減額とした理由については執行率については問題とされていません。政府の説明によると、国直轄事業を優先して積み上げたことによるというのです。つまり、概算要求で政府は、①2017年度予算額の3150億円を下回らない数字とする、②国が自ら使途を定めた予算を優先して積み上げる、③積み上げた後、総額3150億円の範囲内で一括交付金の額を決める、という流れを採用したというのです。[*7] 要するに、国が使途を決める予算を優先的に確保して、そのいわば'残り物'を一括交付金としたということです。

一括交付金に関してもう一つ申し上げたい点は、予算要求額の根拠

に問題があったのではないかという点です。冒頭に述べましたように、これが創設された2012年度予算要求に際して沖縄県は総額3000億円を要求しました。図5-2は、2011年5月に沖縄県が作成した「新たな沖縄振興の必要性」という資料に掲載されたものです。それには、内閣府沖縄担当部局予算が2000年度の3687億円から09年度までの10年間で約1000億円減となっていることを示すグラフが掲載され、「過去10年間の平均：3019億円」というコメントが付されています。そして「沖縄振興予算は国の公共事業予算に連動して大幅に削減」されたが、今後は「ソフト事業を含めた沖縄振興の安定的な財源の確保が必要」であり、12年度に始まる新計画の「財政規模は、過去の沖縄振興予算を勘案の上、決定」という見解が示されています。ここで「過去の沖縄振興予算を勘案」した財政規模とは、このグラフに対するコメントからして3000億円を意味しているのでしょう。しかしながら、2000年代に平均3000億円という実績があったから今後も同額が必要とは決していえません。

また、このグラフには通常の沖縄振興予算に加えて、第4章で述べました米軍基地所在市町村活性化事業や北部振興対策などが含まれています。いずれも政府の基地政策に関連した特別かつ時限的な予算措置であることはすでに述べたとおりです。こうした異例の予算も含めた3000億円を根拠とするのは、そもそも過大で根拠が乏しいと言わざるを得ないと思います。

以上の経過からして、一括交付金の予算額は、通常の予算編成過程のように必要額を積み上げて決まるのではなく、政府の基地政策に対する沖縄県の姿勢によって左右されてきたのが実情です。それは、決して望ましいことでありませんが、ソフト交付金の交付要綱をみますと、「内閣総理大臣（以下「大臣」という）は、予算の範囲内において、沖縄県に対して、交付金を交付することができる」（第4条）、「大臣は、

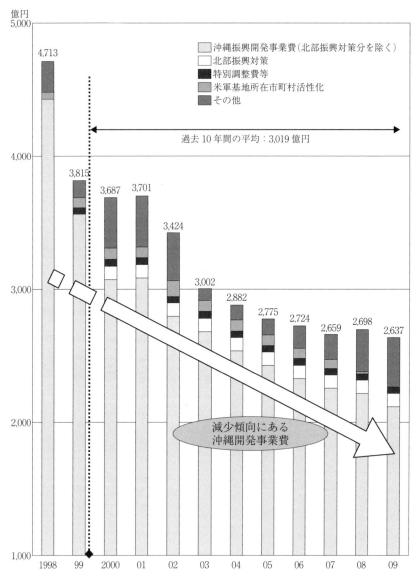

図 5-2 内閣府沖縄担当部局予算の推移（最終予算ベース）

出所：沖縄県『新たな沖縄振興の必要性について』2011 年 4 月。

前条の申請をうけたときは、その内容を審査し、申請に係る交付対象事業等が適正であると認めたときは、交付すべき交付額を決定し、知事に通知するものとする」（第9条）としており、交付額の決定は首相の権限であると規定されています。沖縄振興予算と同じく、予算額決定の明確なルールはなく、首相の裁量で決まることとなっていることが、こうした恣意的な運営を招く余地を政府に与えているといえます。

4　沖縄振興体制は今後も必要か

　すでに述べましたように沖振法は10年の時限立法です。そのため、これまで10年の期限が近づくごとに、沖縄側から特別措置の継続を国に「お願い」することを4回繰り返してきました。これもまた、政府にとって基地政策と実質的に関係づける、つまり「取引」の手段とする格好の機会を提供してきたと思われます。

　しかし、沖縄がいわば経済的に‛遅れている’ことを前提にした特別措置を2021年度まで半世紀もおこなった後、さらに22年度以降も継続する必要があるのでしょうか。実は、ここ数年の沖縄経済は良好な状況が続いています。例えば、基幹産業である観光の場合、2017年の入域観光客が前年比9.1％増えて939万人となり、初めて900万人台を突破しています。観光客数は5年連続で過去最高を更新し、そしてわずかですがハワイを超えることとなりました[*8]。2018年1月1日現在の公示地価をみますと、県内地価の平均（全用途）は前年比プラス5.7％で、5年連続の上昇、全国平均のプラス0.7％を大きく上回り、変動率は全国1位となっています[*9]。

　こうした状況を反映して税収も順調に増加しています。例えば、沖縄国税事務所によりますと、2016年度の県内の国税収納額は前年度比3.0％（102億2000万円）増の3476億5100万円となりました。増収

は8年連続で、復帰後最高を記録しています。税目別では、個人所得税の増加が顕著で、源泉所得税は3.7%（23億4700万円）増、申告所得税は11.6%（36億7800万円）増となっています。また同年度の法人税の申告実績によると、申告件数は前年度比4.4%増の2万4011件、申告所得金額は7.3%増の2567億5800万円、申告税額は2.7%増の529億200万円となり、いずれも復帰後の過去最高を更新しています。黒字申告した法人の割合は1.1ポイント増の40%で、全国12カ所の国税局・国税事務所の中でトップでした。そして県の税収も増えています。2016年度のそれは前年度比6%（68億8918万円）増の1224億円5243万円と過去最高となっています。ちなみに全国の都道府県税収入は前年度比0.5%増にすぎず、沖縄県の伸び率は断トツの1位です。その結果、県の財政力指数も向上し、かつては財政力指数が0.3未満と最も低いEグループに属していましたが、近年は0.3を上回るようになり0.3以上0.4未満のDグループに属するようになっています。

　成長著しいアジアに最も近くに位置し、人口構成が比較的若い沖縄には、まだまだ潜在力があるといえます。いずれにせよ、沖縄はもはや決して「後進県」ではないでしょう。

　では沖振法が2021年度で失効し継続しなかった場合は、どうなるのでしょうか。まず予算獲得の手順については、復帰後50年が過ぎてもなお翁長知事が言うように「国との予算の折衝の仕方も皆目わからなかった」という言い訳は通用しないでしょう。沖振法が失効しても、他の府県と同じように必要な予算獲得に努めればよいと思います。

　沖縄振興の理由として首相官邸ウェブサイトで指摘されている3つの「特殊事情」について改めて検討してみましょう。まず、「歴史的事情」からして必要とされた「インフラの整備などの面で本土と大きな格差」についていうと、これまで10兆円を超える資金を投じることによって、ハード面の格差はおおむね解消しています。2002年の沖振法

改正に際して「開発」を削除したのは、こうした状況を反映したものです。ただし、鉄軌道がないという重大な「格差」は残っています。

「広大な海域には160もの離島が散在しており、島嶼地域ならではの経済的不利性」という「地理的事情」に関連してまず確認しておかなければならないのは、沖振法第115条によって離島振興法、後進地域の開発に関する公共事業に係る国の負担割合の特例に関する法律、山村振興法などの条件不利地域を対象とする立法措置が適用除外とされていることです。したがって、沖振法が失効しても、これら適用除外となった諸法が適用されるのであって、沖縄の条件不利地域自治体への支援措置がなくなるわけではありません。ちなみに、奄美諸島及び小笠原諸島を対象とする特別措置法があることからして、沖縄の離島を対象とした特別措置法はあってしかるべきでしょう。もし離島支援策に不十分なところがあるならば、長崎県など離島を有する他県と連携して施策の充実を求めるべきではないでしょうか。いずれにしろ、那覇市など沖縄本島の都市自治体までも対象とした特別措置は必要がないでしょう。

なお、政府による条件不利地域を支援するための財政措置が、従来の施設整備などハード事業に加えてソフト事業も対象とするようになったのは、この沖縄振興のための交付金だけではありません。例えば、過疎地域自立促進特別措置法では2010年度改正において過疎対策事業債の対象事業にソフト事業が加えられました。離島振興法でも12年度改正でソフト事業に活用できる離島活性化交付金が創設されました。[*14]原子力発電所所在自治体を対象とした電源三法交付金では2003年度から、本書で取り上げた特定防衛施設周辺整備交付金でも2011年度から、ソフト事業が対象に加えられています。そして最近では、2014年度補正予算に盛り込まれた地方創生先行型交付金、15年度補正予算における地方創生加速化交付金など地方創生に係る交付金も、主にソフト事

業を対象としています。こうしてみると、政府による条件不利地域支援のための財政措置の主流は、従来のハード事業からソフト事業に移りつつあるといえます。沖振法が失効しても、ソフト事業に必要な予算を確保する道がなくなるわけではありません。

　そして米軍基地が集中している「社会的事情」についてですが、復帰後半世紀近くが過ぎてもなお70％もの基地が集中しているのは、本書で繰り返し強調しましたように、日本政府がそれを解消する政策を有していないことによるものであり、「政治的事情」というべきだと思います。みずからの怠慢を棚に上げて「社会的事情」などと誤魔化して、それを理由に「沖縄の振興」をすすめるというのは、政府自ら沖縄振興は今後も基地過重負担をお願いすることの見返りであることを認めていることにならないでしょうか。

　いずれにせよ、この「政治的事情」こそ、まさに誰もが認める沖縄の「特殊事情」以外の何物でもありません。これに関して必要な特別措置は、「日米安保が必要ならその負担は等しく負うべき」という沖縄の問いかけに真摯に応えるとともに、返還地の跡地利用が円滑にすすむような施策です。そのためには、沖振法と同じく10年の時限立法である「沖縄県における駐留軍用地跡地の有効かつ適切な利用の推進に関する特別措置法」について、その内容をいっそう充実させるとともに基地が完全撤去されるまでの恒久法とするべきだと思います。[*15]

おわりに

　沖縄振興は国家戦略として国の責任でおこなうこととなっており、したがってそれに必要な予算は基地政策とは関連していないのが建前です。2012年からの改正沖振法で創設された沖縄振興一括交付金、とくにソフト交付金は沖縄振興予算の目玉的存在となりました。しかし

どんなに使い勝手よく、優遇されていようと、国からの交付金や補助金には、何らかの政策意図と無関係というわけにはいきません。ましてや、沖縄振興予算総額の決定は政府の裁量下にあり、とくにソフト交付金は、交付要綱において首相が「交付額を決定」と明記されています。つまり、政府がその気になれば基地をめぐる「取引」の手段として利用可能な仕組となっているのです。そして実際に、翁長雄志氏が知事に当選する以前と以後の予算額の変動は、新基地建設をめぐる「取引」として使おうという政府の意思を明確に示しています。こうした制度下で多額の予算を獲得しても、当事者がどんなに否定しようと、基地負担と「取引」したと見なされかねません。そのような痛くもない腹を探られないようにするために、沖振法がないことを前提とした沖縄の将来像を模索することが必要でしょう。

注

1 　翁長雄志（2015）、206頁。沖縄県が作成した『沖縄から伝えたい。米軍基地の話』では、「沖縄が米軍の施政権下に置かれていた27年間、各省庁に直接予算要求する機会が無かったこと等もあり、国への予算要求を一体的に行い、必要な予算を確保することも目的としている」と述べられています。

2 　2018年2月28日に閲覧。当該ウェブサイトの最終更新日は2017年3月31日。

3 　政府の公式発言において「沖縄振興予算」の名称が最初に使われたのは、2011年当時の菅直人首相による施政方針演説においてであったとのことです（『琉球新報』2016年9月1日付）。

4 　人口と面積という基本指標だけでは市と町村の割合が75.7%対24.3%ですが、配慮指標を加えると66.7%対33.3%となり、これに均等割として全市町村に1億円ずつ配分された分を加えると58.5%対41.5%となっています。

5 　もっとも、2007年度に導入された「頑張る地方応援プログラム」から15年度の「まち・ひと・しごと創生事業費」に至るまで毎年のように地方経済の立て直しを支援する施策が地方交付税の算定に盛り込まれていますが、それらの

ほとんどが具体的な成果を算定の指標にしています。そして2016年度から、一部の業務の単位費用について「トップランナー方式」が導入されるなど、地方交付税にも成果主義的な要素が盛り込まれています。
6 　使途を踏まえた評価については、川瀬光義（2018）を参照してください。
7 　以上は、「県反発『沖振法に逆行』」『琉球新報』2017年9月25日付、によります。
8 　「沖縄観光客ハワイ超え」『琉球新報』2018年2月2日付。
9 　「県内地価5.7％上昇」『琉球新報』2018年3月28日付。
10　沖縄国税事務所「平成28年度の租税収入状況について」2017年9月20日より。
11　沖縄国税事務所「法人税等の申告（課税）事績」2017年11月8日より。
12　沖縄県総務部税務課『平成28年度沖縄県税務統計書』より。
13　「県財政力が過去最高」『琉球新報』2017年8月18日付。
14　この点については、平岡和久（2017）、川瀬光義（2015b）などを参照してください。
15　この跡地利用政策については、林公則（2013）、川瀬光義（2014）を参照してください。

終章　基地は自治体財政充実の阻害要因

　本書では、日米安全保障条約にもとづく日本側の義務である基地提供にかかわって私たちが被る財政負担の実情を、以下の5つの側面から明らかにしてきました。

　第1は、日米地位協定にもとづく負担です。日米地位協定第24条は、基地として使用する場所は無償でアメリカに提供するが、提供された場所の運営に関わる経費はすべてアメリカ側の負担とすることを原則としています。ところが、2018年度予算で約4500億円の「基地対策経費」のうち、この原則にもとづく負担は約2500億円にすぎません。これに加えて、不平等条約である地位協定によって米軍及びその関係者に治外法権といってよい特権を保証していることがもたらす直接・間接の経費負担があります。とくに、沖縄本島北部地域・中部地域を広範囲に基地に占領されている沖縄には、膨大な機会費用を余儀なくさせています。

　第2は、いわゆる思いやり予算です。労務費の一部負担で始まったそれについて当初日本政府は、地位協定第24条の範囲内での負担と解釈していました。しかしそうした解釈では対応できない負担の拡大を求められ、1987年に特別協定が締結されました。政府は「暫定的」「限定的」「特例的」としていましたが、以後なし崩し的に負担範囲が拡大し、今や2000億円近い「在日米軍駐留経費負担」の4分の3が、特別協定による負担となっています。つまり、不平等条約である日米地位協定すら守られていない状態が恒常化しています。

第3は、基地が所在する自治体にもたらされる財政収入の特徴を、原子力発電所立地自治体の場合と比較して明らかにしました。いずれの場合も、一般財源、特定財源ともに多大な財政収入をもたらします。原発所在自治体のそれらは、原発の稼働とともに減少していくのに対し、基地に関するそれらは増額を続けています。しかしその違いは、原発が発電という経済活動をおこなう電力会社の施設であり、それがもたらされる財政収入の主たる源が国や自治体が電力会社に課税権を行使して得られる租税収入であるのに対し、基地は経済活動の主体ではなく政治施設であることによります。それ故に、名護市などでみられた軍用地料の実態が示すような、政府による恣意的な財政運営が可能な仕組みになっています。

　第4に、1996年のSACO合意以降にすすめられてきた沖縄県内に基地を新設することを条件とした基地返還をすすめるための財政措置の特異さを明らかにしました。それに必要な経費は、通常の防衛予算とは別枠で計上されています。図1-3に示しましたように思いやり予算はピーク時と比べて減っていますが、この別枠での新基地建設経費を加えますと、決して減ってはいません。また、新基地建設に関して地元の「同意」を獲得するための財政措置は、当初は新基地受入れの見返りではないという「建前」でした。しかしながら、多額の財政資金の投入もかかわらず、杭一本も打てなかったことを「教訓」として創設された米軍再編交付金においては、①新基地建設に対する首長の政治的姿勢次第で交付を停止できる、②工事の進捗状況に応じて出来高払いで交付するというものでした。さらに、再編関連特別地域支援事業補助金は、米軍再編交付金と同じく新基地建設に異を唱えないことが条件ですが、交付対象を自治体ではなく任意団体である行政区とするものでした。

　第5に、沖縄振興のための財政政策は、国家戦略として国の責務で

おこなうものと位置づけられているにもかかわらず、翁長雄志氏が沖縄県知事に当選する以前と以後の予算の変動が示すように、政府の新基地政策と事実上連動しており、広義の基地維持のための財政政策といえるものでした。沖縄が経済的に遅れていることを前提とした、しかも過重な基地負担との取引と受け取られがちな沖縄振興政策を半世紀を超えて続ける必要はありません。離島など条件不利地域への支援政策は、全国の共通する課題を有する自治体と連携して充実を追求するべきです。

　以上のような基地にかかわる財政政策は、いずれも序章で述べた財政運営の基本原則である「量出制入」に反します。「量出」が可能なのは、環境整備法にもとづく財政措置のうちの防音工事などだけでしょう。「量出」が不可能な典型例が、環境整備法第9条による特防交付金です。これは、基地の迷惑度に応じて自治体への交付限度額が決まるのですが、対象となる事業が基地が存在するが故に余儀なくされる施策ではなく、基地の存在にかかわらずどの自治体であれ必要な施策、つまり基地との因果関係がない施策なので、「量出」することがそもそも不可能です。

　また私たちが負担する租税収入が原資ですから、配分に際しては公正かつ客観的な基準にもとづかなければなりません。しかし、名護市と宜野座村にみる軍用地料の実態、キャンプ・ハンセンの一部返還にみる根拠が不明な一部行政区のみの先行返還などの事例は、とうてい公正といえないものでした。そして米軍再編交付金は、首長の政治的姿勢によって交付の是非を判断するという、露骨な恣意的運用を可能とするものでした。さらには、再編関連特別地域支援事業補助金に至っては交付対象を任意団体である行政区に限定しました。基地政策の矮小化はついに地方自治の破壊につながることが明らかになりました。

　「財政は政治の鏡」ですから、政権が最重視している日米安全保障条

約の義務である基地の提供のために財政資金を優先的に投入するのは当然と思われるかもしれません。しかしいうまでもありませんが、それは何をやってもよいということを意味しません。国が力点を置く施策を実現するために補助金などを重点的に配分する政策をおこなう場合、その補助金などを獲得する機会はすべての自治体に公平に与えられなければならないですし、採択の基準は公正かつ客観的なものでなければなりません。その基準のなかでも、政治的意見の相違・思想信条による差別をしないことは、民主主義社会における財政運営において最も尊重されなければなりません。ところが、環境整備法第9条の特防交付金は、基地の有無にかかわらずどの自治体でも必要な公共施設整備などに対するものでありながら、基地が所在する自治体にしか応募の機会がありませんでした。米軍再編交付金や再編特別補助金に至っては、国の基地政策に「理解」を示さないと交付対象とならないという、恣意的なものでした。

　こうしてみると、この国の安全保障政策の根幹をなす米軍基地を確保するための財政政策、とくに新基地建設の「同意」を得るために進められてきたそれは、民主主義と地方自治を国の統治原理としている国にふさわしく言葉による説得を放棄したものであり、'賄賂'というべきではないでしょうか。見方を変えますと、そのような手段でしか米軍基地の設置について「同意」を獲得できない日本の安全保障政策は、正当性を著しく欠いていると断じるしかありません。

　最後に、こうした収入がなくても自治体の財政運営に支障を来すわけではないということを述べて本書の締めくくりとします。まず、新基地を拒否しても、米軍再編交付金が交付されないだけで、それ以外の基地関連収入は基地がある限り存続します。米軍再編交付金は全体の基地関連収入のうちのごく一部です。それがなくても何ら支障がないことは、名護市の事例が示しています。

では基地が返還されて既存の基地関連収入がなくなったらどうなるでしょう。これに関しては、まず日本の地方財政システムはこうした特異な収入が多くを占めることを前提としていないことを改めて強調しておきたいと思います。財政力が弱い自治体であっても一定水準の公共サービスが提供できるよう、国による地方交付税や補助金などの交付で支える、条件不利地域にあって財政力がとくに弱い自治体に対しては過疎法などによって特別な支援策をおこなって支えるという制度設計になっています。それはまた、地方自治法などにもとづく国の責務でもあります。それ故に、条件不利地域にあって基地や原発がない自治体であっても存立が可能なのです。また、普通交付税算定に際して基準財政収入額を標準的な税収入額の75%としていますが、残り25%分の留保財源によって基準財政需要額ではカバーできない自治体独自のサービスを提供できるような制度設計になっています。議会が同意をすれば標準税率を上回る税率で課税することができますし、その超過分は基準財政収入額の対象外です。要するに、財政力を高めて公共サービスを良くする王道は、税収を増やすことです。基地に占領されているということは、この王道を追求する途を絶っていることをも意味します。

　さて基地がなくなれば、当然の帰結として基地交付金や軍用地料はなくなります。しか他方、返還跡地を活用することによる経済活動の成果として課税収入が発生し、王道を追求することができるようになるのです。沖縄では今、いくつかの返還跡地の利用がすすむことによって、米軍に占領されていた時代と比べて雇用などの経済効果と財政効果がはるかに高いことが明らかとなり、「基地は経済発展の阻害要因」というのが多くの人々の共通認識となっています。しかし、そもそも自治体の裁量が及ばない基地に占有されている時代の政治的裁量によってもたらされる財政収入と、自らが決めた土地利用の成果に課

税権を行使して得られる収入とを比べること自体が意味をなさないと思います。返還跡地利用の成果が示しているのは、沖縄は基地に依存しているのではなく、基地に寄生されているのだということです。そしてこの国は今、正当性がきわめて疑わしい財政政策によって沖縄の基地過重負担を継続するのみならず、世界自然遺産に匹敵する美しい海を埋め立てて巨大な基地を建設し、さらなる犠牲・機会費用を強いようとしています。まさに基地は経済発展のみならず「自治体財政充実の阻害要因」というべきでしょう。

参考文献

明田川融（2017）『日米地位協定　その歴史と現在』みすず書房。
朝雲新聞社出版業務部編（2018）『防衛ハンドブック』朝雲新聞社。
阿波根昌鴻（1973）『米軍と農民』岩波書店。
阿波連正一（2017）『沖縄の米軍基地過重負担と土地所有権―辺野古の海の光を観る』日本評論社。
阿部浩己（2015）「人権の国際的保障が変える沖縄」島袋純・阿部浩己編『沖縄が問う日本の安全保障』岩波書店。
新崎盛暉（1995）『沖縄・反戦地主』高文研。
伊勢崎賢治・布施祐仁（2017）『主権なき平和国家』集英社。
NHK 取材班（2011）『基地はなぜ沖縄に集中しているのか』NHK 出版。
大田昌秀（1996）『沖縄は訴える』かもがわ出版。
沖縄県（1996）『沖縄　苦難の現代史』岩波書店。
───（2018）『他国地位協定調査中間報告書』。
沖縄県知事公室基地対策課（2013）『沖縄の米軍基地）』。
───（2018）『沖縄の米軍及び自衛隊基地（統計資料集）』。
沖縄タイムス社編（1997）『127 万人の実験』沖縄タイムス社。
翁長雄志（2015）『戦う民意』KADOKAWA。
ガバン・マコーマック・乗松聡子（2013）『沖縄の〈怒〉』法律文化社。
紙野健二・本多滝夫編（2016）『辺野古訴訟と法治主義』日本評論社。
川瀬光義（2013a）『基地維持政策と財政』日本経済評論社。
───（2013b）「原子力発電所立地にともなう財政収入を検証する」岡田知弘・川瀬光義・にいがた自治体研究所編『原発に依存しない地域づくりへの展望』自治体研究社。
───（2014）「基地跡地利用政策をめぐる財政問題」福島大学経済学会『商学論集』第 82 巻第 4 号。
───（2015a）「米軍基地と財政」島袋純・阿部浩己編『沖縄が問う日本の安全保障』岩波書店。
───（2015b）「条約不利地域支援財政政策の変化をどうみるか」『自治と分権』第 58 号。

─── (2016)「日本政府は地方自治を放棄した」TBSメディア総合研究所『調査情報』7・8月号、通巻531号。

─── (2018a)「米軍基地確保政策にみる日米安保体制の特異性」楜澤能生・佐藤岩夫・高橋寿一・高村学人編『現代都市法の課題と展望』日本評論社。

─── (2018b)「沖縄振興一括交付金の構造」滋賀大学経済学会『彦根論叢』第415号。

木村草太 (2017)『木村草太の憲法の新手』沖縄タイムス社。

来間泰男 (1998)『沖縄経済の幻想と現実』日本経済評論社。

─── (2012)『沖縄の米軍基地と軍用地料』榕樹書林。

経済産業省資源エネルギー庁 (2016)『電源立地制度について』。

五味洋治 (2017)『朝鮮戦争は、なぜ終わらないのか』創元社。

佐藤昌一郎 (1981)『地方自治体と軍事基地』新日本出版社。

『週間金曜日』編 (2008a)『岩国は負けない　米軍再編と地方自治』金曜日。

───編 (2008b)『基地を持つ自治体の闘い　それでも岩国は負けない』金曜日。

島袋純 (2014)『「沖縄振興体制」を問う』法律文化社。

─── (2017)「戦後日本の立憲主義の欺瞞と沖縄が主張する自己決定権」日本環境会議沖縄大会実行委員会編『沖縄の環境・平和・自治・人権』七つ森書館。

清水修二 (2011)『原発になお地域の未来を託せるか』自治体研究社。

神野直彦 (2007)『財政学　改訂版』有斐閣。

瀬長亀次郎 (1959)『沖縄からの報告』岩波書店。

田村順玄・湯浅一郎 (2018)「岩国─極東最大級となった巨大米軍基地」『世界』4月。

地方財務協会編 (2008)『地方税制の現状とその運営の実態』地方財務協会。

地方税務研究会編 (2017)『地方税関係資料ハンドブック』地方財務協会。

寺島実郎 (2010)『問いかけとしての戦後日本と日米同盟』岩波書店。

豊下楢彦 (1996)『安保条約の成立』岩波書店。

仲地博 (2000)「沖縄基地関連財源と市町村財政」浦田賢治編『沖縄米軍基地法の現在』一粒社。

西山太吉 (2015)『決定版　機密を開示せよ』岩波書店。

林公則 (2011)『軍事環境問題の政治経済学』日本経済評論社。

─── (2013)「沖縄県における跡地利用推進特別措置法の意義と課題」日本地方自治学会編『参加・分権とガバナンス』敬文堂。

平岡和久（2017）「日本における条件不利地域自治体支援策と自治体財政」立命館大学『政策科学』25 巻 1 号。
福田毅（2005）「在欧米軍の現状と再編の動向」『レファレンス』8 月号。
防衛施設庁史編さん委員会編（2007）『防衛施設庁史』。
防衛省編（2017）『防衛白書』。
本多滝夫編（2016）『Q&A　辺野古から問う日本の地方自治』自治体研究社。
本間浩（1996）『在日米軍地位協定』日本評論社。
前田哲男（2000）『在日米軍基地の収支決算』筑摩書房。
前泊博盛（2013）『本当は憲法より大切な「日米地位協定入門」』創元社。
孫崎享（2012）『戦後史の正体』創元社。
宮城大蔵・渡辺豪（2016）『普天間・辺野古　歪められた二〇年』集英社。
守屋武昌・小那覇安剛（2010）「「日本の戦後」を終わらせたかった―米軍再編協議に託したもの」『世界』2 月号。
矢部宏治（2014）『日本はなぜ、「基地」と「原発」を止められないのか』集英社インターナショナル。
───（2017）『知ってはいけない　隠された日本支配の構造』講談社。
琉球新報社・地位協定取材班（2004）『検証「地位協定」　日米不平等の源流』高文研。
琉球新報社編（2004）『外務省機密文書　日米地位協定の考え方・増補版』高文研。
渡辺豪（2009）『国策のまちおこし－嘉手納からの報告』凱風社。
───（2015）『日本はなぜ米軍をもてなすのか』旬報社。
Calder, Kent E.（2007）*Embattled Garrisons: Comparative base politics and American globalism*, Princeton University Press、武井楊一訳『米軍再編の政治学―駐留米軍と海外基地のゆくえ』日本経済新聞出版社、2008 年。
Chalmers Johnson（2004）*The Sorrows of Empire*, Metropolitan Books、村上和久訳『アメリカ帝国の悲劇』文藝春秋、2004 年。

あとがき

「日本人は醜い——沖縄に関して、私はこう断言することができる」。

これは、1990年から沖縄県知事を2期8年勤められた、沖縄戦の研究者でもある故大田昌秀氏が1969年に出版した『醜い日本人』（サイマル出版会）の冒頭の一文です（知事としての経験を踏まえて加筆した新版が、岩波現代文庫として2000年に刊行されています）。

基地と財政に関する筆者の研究は、1996年に宮本憲一先生が呼びかけて結成された「沖縄持続的発展研究会」に加えていただいたことに始まりますが、当時むさぼるように読んだ多くの沖縄関連図書の中でも、この一文ほど心に深く刻まれたものはありません。

大田氏は知事在任中に、冷戦が崩壊したにもかかわらず沖縄への「平和の配当」がなく、このままでは21世紀も沖縄が基地の島となりかねないことに強い危機感を持たれ、2015年までにすべての基地を撤廃するプランを発表しました。本来なら、沖縄からのこの提案を日本政府が真摯に受け止めて、冷戦崩壊後の安全保障政策のあり方、とりわけ米軍基地の必要性について根本的な見直しがなされるべきだったでしょう。

そうした折、1995年9月に米海兵隊員による忌まわしい少女暴行事件が発生しました。これを契機とする、復帰後20年以上経過しても何ら変わらない基地過重負担に対する沖縄の人々の怒りの高揚に直面した日米両政府の回答が、第2章で紹介したSACO合意（1996年）であり、日米ロードマップ（2006年）でした。その核心は、普天間飛行場などの返還に応じてもよいが、県内に代わりの場所を用意しろとい

うところにありました。つまり、米軍の機能や規模は維持するが、日本では引き受けないということ、したがって今後も沖縄に基地を集中する差別政策を継続することを意味しています。

　以来、沖縄の人々には、これまでの基地過重負担に加えて、基地新設の「同意」を迫られるという新たな困難が強いられることとなりました。沖縄の基地形成過程を学べば明々白々なように、それらは文字通り強奪されたものでした。奪われた土地の返還に際して、なぜ新たな場所を差し出さなければならないのでしょうか。

　本書のねらいは、このあまりにも不条理な基地新設の「同意」を得ることを目的として日本政府が講じてきた財政政策が、いかに醜いものであるかを示すところにあります。名護市をはじめとする沖縄本島北部地域自治体への特別な財政政策を最初に提示した当時の首相は、橋本龍太郎氏でした。そのとき、これは基地新設の見返りかという旨の問いかけに対して橋本氏は、強く否定しました。その姿勢からは、沖縄の人々に対する'後ろめたさ'を少しは感じることができました。しかしその'後ろめたさ'は次第に後退し、第4章で紹介した米軍再編交付金及び再編特別補助金に至っては、政治的意見の相違によって公的資金の配分を差別することを合法化するという、醜さの極致と言ってよいようなものとなってしまいました。本書を通じて、こうした醜い政策でしか維持できないような日米安全保障体制とは何なのかについて、読者の皆さんが考える糸口になれば、筆者としてこれにまさる喜びはありません。

　本書誕生のきっかけは、『住民と自治』のインタビュー企画などで、谷口郁子さんと何度か沖縄を訪問したことでした。谷口さんと、沖縄の自治と財政について意見交換するうちに、学術書である拙著『基地維持政策と財政』（日本経済評論社、2013年）を、同書刊行後の新たな状況も加えて、一般の読者向けに平易な内容にしたものを著したい

という筆者の思いは、抑えがたくなってきました。筆者のわがままな願いを受け止めてくださった、谷口さんや寺山浩司氏をはじめとする自治体研究社編集部の皆さんに、感謝の意を表したいと思います。

　本書執筆中の2017年11月に、「おきなわ住民自治研究所」が設立されました。同研究所の事務局長を担われている湧田廣氏をはじめとする沖縄の皆さんに本書をどう受け止めていただけるか、はなはだ心許ない次第ですが、日頃のご厚意に感謝するとともに、同研究所の一層の発展を祈って筆を擱くこととします。

　2018年初夏
　　京都市下鴨の研究室にて
　　米朝首脳会談の共同声明を読み、東アジアの平和、および朝鮮半島と沖縄をはじめとする日本から米軍が撤退する日が早晩やってくることを確信しながら。

川瀬光義

本書はJSPS（日本学術振興会）科研費JP15K03518の助成をうけたものです。

[著者紹介]

川瀬光義(かわせ　みつよし)
京都府立大学公共政策学部教授。1955 年大阪市生まれ。
1986 年京都大学大学院経済学研究科博士後期課程指導認定、87 年同上退学。その後、埼玉大学等を経て 2008 年 4 月より現職。京都大学博士(経済学)。

主な著作

『台湾の土地政策──平均地権の研究』青木書店、1992 年。
(東京市政調査会「藤田賞」受賞)
『台湾・韓国の地方財政』日本経済評論社、1996 年。
『幻想の自治体財政改革』日本経済評論社、2007 年。
『沖縄論──平和・環境・自治の島へ』(共編著)岩波書店、2010 年。
『原発に依存しない地域づくりへの展望──柏崎市の地域経済と自治体財政』
(共編著)自治体研究社、2013 年。
『基地維持政策と財政』日本経済評論社、2013 年。
(「沖縄タイムス社「伊波普猷賞」受賞)

基地と財政──沖縄に基地を押しつける「醜い」財政政策
2018 年 7 月 10 日　初版第 1 刷発行

著　者　川瀬光義

発行者　福島　譲

発行所　㈱自治体研究社
　　　　〒162-8512 新宿区矢来町 123 矢来ビル 4 F
　　　　TEL：03・3235・5941／FAX：03・3235・5933
　　　　http://www.jichiken.jp/
　　　　E-Mail：info@jichiken.jp

ISBN978-4-88037-682-0 C0033　　　印刷・製本：中央精版印刷株式会社
　　　　　　　　　　　　　　　　　　　　　DTP：赤塚　修

自治体研究社

地方自治法への招待

白藤博行著　定価（本体1500円＋税）

辺野古訴訟や国立景観訴訟等を取り上げ、地方自治法が憲法の保障する民主主義への道であり、基本的人権を具体化する法であることを追究。

Q&A　辺野古から問う日本の地方自治

本多滝夫・白藤博行・亀山統一・
前田定孝・徳田博人　定価（本体1111円＋税）

辺野古新基地建設をめぐる沖縄県と日本政府の争点を、歴史的背景、新基地の目的・規模、法治主義、環境などの観点から分かりやすく解説。

自治・平和・環境

宮本憲一著　定価（本体1111円＋税）

戦争立法、辺野古新基地建設、原発再稼働など、歴史的岐路に立つ課題を、戦後史の教訓にふれつつ憲法と地方自治の視点から批判的に問う。

地方自治の再発見
―不安と混迷の時代に

加茂利男著　定価（本体2200円＋税）

何が起こるか分らない時代―戦争の危機、グローバル資本主義の混迷、人口減少社会―のなかで、地方自治の可能性を再発見。［現代自治選書］

日本の地方自治　その歴史と未来　［増補版］

宮本憲一著　定価（本体2700円＋税）

明治期から現代までの地方自治史を跡づける。政府と地方自治運動の対抗関係の中で生まれる政策形成の歴史を総合的に描く。［現代自治選書］